Alexandra Eck

Lerntheke Grundschule
Mathematik 3/4

Raum und Form

Differenzierungsmaterialien
für heterogene Lerngruppen

Cornelsen

Die Autorin des Bandes

Alexandra Eck studierte an der Pädagogischen Hochschule in Schwäbisch Gmünd und arbeitet heute an einer Grund- und Werkrealschule.

Bildquellen

Fotolia: S. 12: Elefant 1 © xavier gallego morel, Elefant 2 © Jakub Krechowicz, Elefant 3/4 © eyetronic, Giraffe 2 © vencav, Giraffe 3/4 © Shchipkova Elena; S. 13: Nilpferd 1 © JackF, Nilpferd 3/4 © Direk Takmatcha, Krokodil 1 © bennymarty, Krokodil 2 © jackritw, Krokodil 3/4 © fotoslaz, Schildkröte 1 © René de Brunn, Schildkröte 2 © burnel11, Schimpanse 1 © Pietro D'Antonio, Schimpanse 3/4 © Eric Isselee; S. 20: Tintenpatrone © VRD, Büroklammer © Damian, Marienkäfer © Alekss, Pinnnadel © dragonstock; S. 35: Geodreieck © Denis Junker, Kerze © Buntbarsch, Fußballecke © Stefan Balk, Bordstein © stocksolutions; S. 47: Schultüte © by-studio, Fußball © Smileus, Geschenk © eyetronic, Streichholzschachtel © taddle, Pyramide © cobalt, Konservendose © fotonen; S. 66: Balkenwaage © womue, Schmetterling © Marco Uliana, Stop-Schild © by-studio, Yin-Yang © koya979; S. 70: Garnrollen © hopfi23, Mosaik © federicomonzani, Weihnachtskugeln © Markus Mainka; S. 73: Rad © GeorgSV, Spielkarte Herz 5 © Bergfee, Kachelmuster © txakel, Stop-Schild © by-studio; S. 74: Muster © natalypaint; S. 76: Kirchendecke St John's Episcopal Church, Edinburgh, Princess Street © AndreasJ, Marienkäfer © Alekss, Relief © Javi Martin, Filmrolle © destina; S. 84: Büroklammer © Damian; S. 91: Kaffeetasse © Robert Neumann, Konservendose mit Fisch © Yantra; S. 92: Milchtüte © Alexander Mirokhin, Joghurtbecher © mexrix, Konservendose © fotonen, Wattestäbchen © chevimc74, Wasserglas © Gina Sanders, Kaffeetasse © Robert Neumann, Brotdose © HandmadePictures

Shutterstock: S. 12: Giraffe 1 © jaroslava V; S. 13: Nilpferd 2 © Eric Isselee, Schildkröte 3/4 © fivespots, Schimpanse 2 © Eric Isselee; S. 20: Spitzer © Picsfive; S. 21 Deutschlandkarte © diez artwork; S. 70: Muster © peerasak kamngoen; S. 84: Reißzwecke © Picsfive, Spitzer © Picsfive, Ring © LeDi; S. 91: Bierglas © Tarasyuk Igor, Honigglas © Grigor Unkovski, Wasserflasche © Mariyana M, Putzeimer © Andrey Eremin, Gießkanne © artpoem, Babyflasche © photastic

Projektleitung: Renate Wachinger/Franziska Wittwer, Berlin
Redaktion: Daniela Brunner, Kleinenbroich
Umschlagkonzept: X-Design, München
Umschlaggestaltung: LemmeDESIGN, Berlin
Illustrationen: Bianka Leonhardt, Ahrensburg/Stefan Giertzsch, Werder (Havel)
Layout/technische Umsetzung: zweiband.media, Berlin

www.cornelsen.de

1. Auflage 2015

Druck: AZ Druck und Datentechnik GmbH, Kempten

ISBN 978-3-589-15668-9

PEFC
PEFC/04-31-2260

PEFC zertifiziert
Dieses Produkt stammt aus nachhaltig bewirtschafteten Wäldern und kontrollierten Quellen.
www.pefc.de

Inhalt

Vorwort – Hinweise für die Lerntheken-Arbeit

Bei der Lerntheke handelt es sich um eine offene Unterrichtsform. Im Unterschied zum Stationenlernen oder zum Lernzirkel werden die Materialien auf einer „Theke“ ausgelegt und bauen nicht aufeinander auf. Die Schüler wählen aus den zur Verfügung stehenden Materialien diejenigen aus, die sie bearbeiten möchten, und bestimmen selbst die Reihenfolge der Bearbeitung. Daher kann mit einer Lerntheke ein hoher Grad an Differenzierung in einer Lerngruppe erreicht werden.

Grundsätzlich kann eine Lerntheke in allen Phasen einer Unterrichtssequenz zum Einsatz kommen. Die vorliegenden Materialien eignen sich jedoch vor allem **zum Üben und Wiederholen**, meist weniger für die Neudurchnahme. Sie enthalten Aufgaben in **verschiedenen Schwierigkeitsgraden**, die der Festigung des Stoffes dienen und dabei das unterschiedliche Lerntempo sowie die individuelle Leistungsfähigkeit der Schüler berücksichtigen. Gerade in **heterogenen Lerngruppen** ist die Arbeit mit einer Lerntheke daher besonders lohnenswert. Da Aufgaben für **unterschiedliche Lerntypen** zur Verfügung stehen, befassen sich die Schüler nicht nur kognitiv, sondern auch optisch und spielerisch mit einem Thema. Zudem können durch die Arbeit in **abwechslungsreichen Sozialformen** stärkere Schüler die weniger leistungsfähigen unterstützen und ihnen dabei helfen, ein größeres Pensum zu schaffen, als sie das ausschließlich in Einzelarbeit könnten. Wie beim „Lernen durch Lehren“ profitieren alle Schüler von diesem System der gegenseitigen Unterstützung (s. auch „Helfersystem“).

Während der Arbeit an einer Lerntheke füllt jeder Schüler einen Selbsteinschätzungsbogen aus, der Aufschluss gibt über

- das erledigte Pensum innerhalb der vorgegebenen Zeit sowie
- die Selbsteinschätzung des betreffenden Schülers.

Sie als Lehrkraft können aus den Eintragungen in den Selbsteinschätzungsbögen erkennen, welche Themen kaum Probleme bereiten und bei welchen Inhalten viele Schüler Schwierigkeiten hatten, sodass sie diese nach der Durchführung der Lerntheke im Klassenverband nochmals aufgreifen können. Die Kopiervorlage für den Selbsteinschätzungsbogen finden Sie auf Seite 7. Er kann für jede der fünf Lerntheken eingesetzt werden.

Vorbereitungen für die Lerntheke

Vor Beginn der Arbeit sollten Sie die Klasse ausführlich darüber informieren, wie die Lerntheke funktioniert. Dabei müssen Sie an manchen Stellen vorab entscheiden, wie Sie die Arbeit organisieren wollen.

- **Bedeutung der Symbole:**
  Die Schüler erfahren, welche Sozialformen es gibt (je nach Symbol auf dem Arbeitsblatt Einzel-, Partner- oder Gruppenarbeit) und wie sich die Schwierigkeitsgrade voneinander unterscheiden: ein Stern für leicht zu lösende Aufgaben mit einem hohen Grad an Reproduktion; zwei Sterne für Aufgaben, die mehr Eigenleistung erfordern; drei Sterne für anspruchsvolle Aufgaben mit einem hohen Anteil an Eigenleistung.

  ★ Schwierigkeitsgrad 1

  ★★ Schwierigkeitsgrad 2

  ★★★ Schwierigkeitsgrad 3

   Einzelarbeit

   Partnerarbeit

   Gruppenarbeit

- **Bildung der Gruppen:**
  Sie müssen klären, ob es feste Gruppen und Paare für die Gruppen- bzw. Partnerarbeit gibt oder ob sich die Schüler immer wieder neu in Arbeitsgruppen zusammenfinden, je nachdem, wie es der Verlauf der Bearbeitung erlaubt. Das entscheiden Sie je nach Situation in Ihrer Lerngruppe. Einige Übungen werden wahlweise als Einzel- oder Partnerarbeit angeboten. In diesem Fall können die Schüler entscheiden, ob sie die Übungen lieber allein oder zu zweit bearbeiten. Es besteht selbstverständlich auch die Möglichkeit, dass Sie sich im Vorfeld für eine Arbeitsform (Einzel- bzw. Partnerarbeit) entscheiden und diese verbindlich vorgeben.

- **Zeitlicher Rahmen für die Bearbeitung:**
  Wie viel Zeit steht für die Lerntheke zur Verfügung? Fünf oder mehr Unterrichtsstunden erscheinen sinnvoll.

- **Selbstkontrolle der Ergebnisse mittels der Lösungsblätter:**
  Wo finden die Schüler die Lösungen und wie verfahren sie, wenn es Probleme bei der Korrektur ihrer Resultate gibt? Können sie sich nur an die Lehrkraft wenden oder auch Mitschüler um Hilfe bitten (s. auch „Helfersystem“)?

Selbsteinschätzungsbogen

Name: ______________________

Datum	Lerntheke	Kann ich das? (Kompetenzen)	Aufgabe	Was fiel mir leicht? Was fiel mir schwer? Wobei habe ich Hilfe gebraucht? Was sollte ich wiederholen oder				Diese Personen / Materialien helfen mir dabei:
				😄	🙂	😐	😟	
	1. Sich im Raum orientieren	Ich kann Gegenständen (z. B. Würfelgebäude) und Körpern (z. B. Zootiere) den Standort des Betrachters zuordnen.	1.1/1.2					
		Ich kann Würfelgebäude nach Vorgabe bauen.	1.3					
		Ich kann zu Bauten Baupläne erstellen.	1.3					
		Ich kann einfache Schrägbilder zu Würfelgebäuden zeichnen.	1.4					
		Ich kann Schrägbilder und Baupläne einander zuordnen.	1.5					
		Ich kann ebene Figuren mit Hilfe von Gitternetzen und Geobrett verkleinern und vergrößern und den Maßstab erkennen.	1.6/1.7					
		Ich kann Lagepläne und Gitternetze lesen und Wege in Plänen beschreiben.	1.8					
		Ich kann einen maßstäblichen Lageplan/Grundriss erstellen.	1.9					
	2. Geometrische Formen	Ich kann geometrische Formen wiedererkennen und benennen.	2.1					
		Ich kann geometrische Formen nach Vorgabe am Geobrett spannen.	2.2					
		Ich kann geometrische Formen zerlegen und zusammensetzen.	2.3					
		Ich kann parallele und senkrecht aufeinander stehende Geraden erkennen und zeichnen.	2.4					
		Ich kann Eigenschaften von Vierecken mit Fachbegriffen (Anzahl und Länge der Seiten, Anzahl der Ecken, parallel, senkrecht, achsensymmetrisch) benennen.	2.5/2.6					
		Ich kann Aussagen zu Eigenschaften geometrischer Formen überprüfen und begründen.	2.7					
		Ich kann Eigenschaften von Rechteck, Quadrat und Dreieck zuordnen.	2.8					

	3. Geometrische Körper	Ich kann geometrische Körper in der Umwelt erkennen und benennen.	3.1/3.2					
		Ich kann geometrischen Körpern Fachbegriffe (Ecke, Kante und Fläche) zuordnen.	3.3					
		Ich kann geometrische Körper nach Vorlage bauen und Modelle (z. B. Kantenmodelle, Körpernetze) herstellen.	3.4/3.5					
		Ich kann Gemeinsamkeiten und Unterschiede von Würfeln und anderen Quadern anhand der Modelle beschreiben.	3.4					
		Ich kann handelnd Wege am Kantenmodell ausführen.	3.4					
		Ich kann durch Kippbewegungen Würfelnetze herstellen.	3.6					
		Ich kann in der Vorstellung durch gedankliches Falten von Netzen richtige und falsche Würfelnetze erkennen oder ergänzen (fehlende Flächen, gegenüberliegende Flächen oder Augenzahlen).	3.6					
		Ich kann geometrischen Körpern Eigenschaften zuordnen.	3.7					
		Ich kann geometrische Körper auf Funktionalität prüfen und deren Anwendung und Nutzen im Alltag erkennen.	3.8					
		Ich kann mein Wissen über geometrische Körper anwenden und begründen.	3.9					
	4. Geometrische Abbildungen	Ich kann Figuren auf achsensymmetrische Eigenschaften überprüfen und Spiegelachsen einzeichnen.	4.1/4.2					
		Ich kann achsensymmetrische Figuren zeichnerisch ergänzen.	4.2/4.3					
		Ich kann achsensymmetrische Eigenschaften anwenden.	4.4					
		Ich kann Figuren auf Verschiebung überprüfen.	4.5					
		Ich kann Muster durch Verschieben fortsetzen und selbst entwickeln.	4.5/4.6					
		Ich kann Figuren nach Vorschrift verschieben.	4.7					
		Ich kann drehsymmetrische Figuren in der Umwelt erkennen.	4.8					
		Ich kann drehsymmetrische Figuren herstellen (auch mit Geobrett).	4.9/4.10					
		Ich kann alle Abbildungen unterscheiden und herstellen.	4.11					
		Ich kann mit allen Abbildungen spielerisch umgehen.	4.12					

	5. Umfang, Flächen- und Raum-inhalte	Ich kann Umfänge ebener Figuren durch Nachlegen (z. B. Wollfäden) bestimmen und vergleichen.	5.1					
		Ich kann den Umfang ebener Figuren mit Einheitslängen bestimmen (auch mit Geobrett).	5.2					
		Ich kann Figuren mit einem bestimmten Umfang herstellen.	5.2					
		Ich kann den Flächeninhalt ebener Figuren durch Auslegen mit Einheitsflächen (z. B. Einheitsquadrate) bestimmen und vergleichen.	5.3/5.4					
		Ich kann mein Wissen über Flächeninhalte anwenden und begründen.	5.5					
		Ich kann mit Umfängen und Flächeninhalten handelnd umgehen und sie unterscheiden.	5.6/5.7					
		Ich kann Rauminhalte mit Hilfe von Umfüllen vergleichen und bestimmen.	5.8					
		Ich kann Rauminhalte mit Hilfe von Einheitswürfeln vergleichen und bestimmen.	5.9					

Lerntheke 1
Sich im Raum orientieren

Diese Lerntheke regt die Kinder dazu an, räumliche Beziehungen zu erkennen, zu beschreiben und zu nutzen (Ansichten, Wege, Pläne). Dabei nutzen sie grundlegende Vorstellungen von maßstäblichem Verkleinern und Vergrößern.

Übersicht

1.1 Ansichten von Würfelgebäuden/ 1.2 Zoospiel – Ansichten	Die Schüler ordnen Gegenständen (z. B. Würfelgebäuden) und Körpern (z. B. Zootieren) den Standort des Betrachters zu.	★ 👤 und ★★ 👤, ★★ 👤👤 oder 👤👤👤
1.3 Baupläne – Fantasietiere	Die Schüler bauen Würfelgebäude nach Vorgabe.	★ 👤 und ★ 👤 👤👤
1.3 Baupläne – Fantasietiere	Die Schüler erstellen zu Bauten Baupläne.	★ 👤
1.4 Schrägbilder	Die Schüler zeichnen einfache Schrägbilder zu Würfelgebäuden.	★ 👤, ★★ 👤 und ★★ 👤👤
1.5 Domino: Bauplan – Schrägbild	Die Schüler ordnen Schrägbildern passende Baupläne zu.	★★ 👤
1.6 Vergrößern und verkleinern – Maßstab	Die Schüler verkleinern und vergrößern ebene Figuren mithilfe von Gitternetzen maßstabsgerecht und erkennen den Maßstab.	★★ 👤
1.7 Größer oder kleiner?	Die Schüler ermitteln den Maßstab von Vergrößerungen und Verkleinerungen	★★ 👤
1.8 Orientieren mithilfe von Planquadraten	Die Schüler lesen Lagepläne und Gitternetze und beschreiben Wege in Plänen.	★ 👤, ★ 👤👤 und ★★ 👤
1.9 Lageplan/ Grundriss erstellen	Die Schüler erstellen einen maßstäblichen Lageplan/Grundriss.	★★ 👤, ★ 👤, ★★ 👤👤👤, ★★ 👤 und ★★★ 👤

Name: Datum:

1.1 Ansichten von Würfelgebäuden

★ |

1. a) Von vorne, von hinten, von links, von rechts, von oben, von unten? Schreibe die Ansicht des Würfelgebäudes zu der jeweiligen Zeichnung.

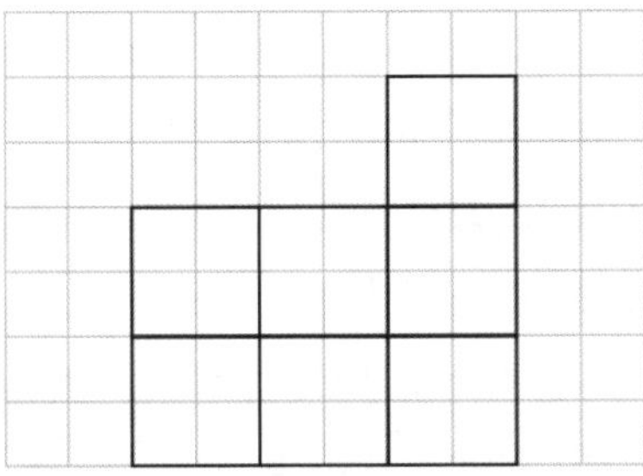

Ansicht: ____________

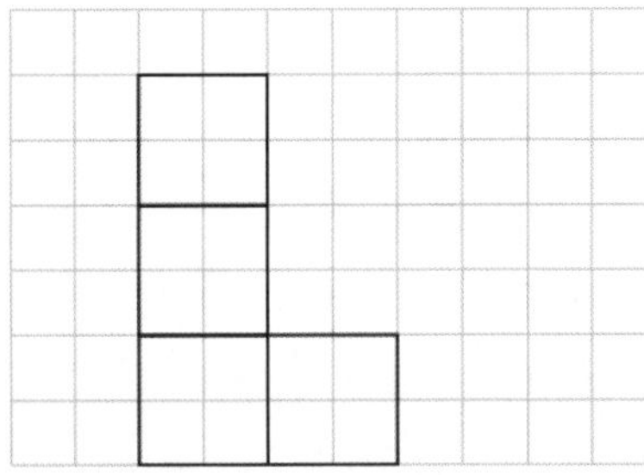

Ansicht: ____________

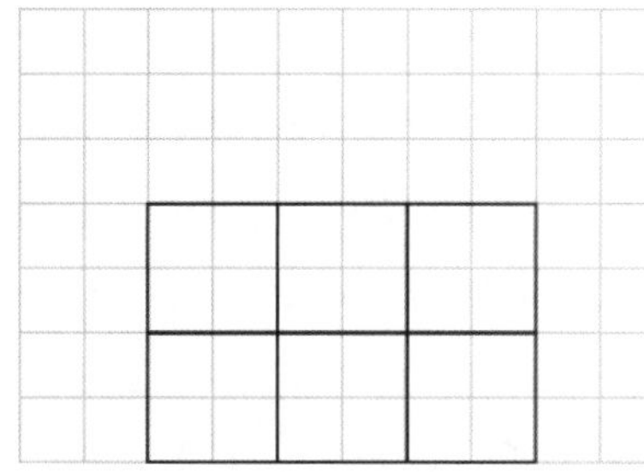

Ansicht: ____________

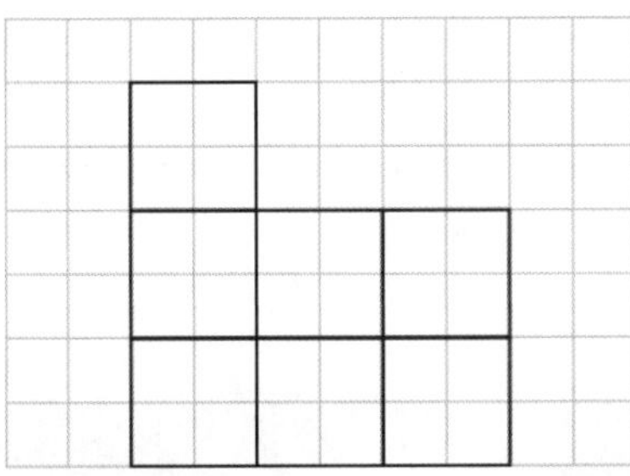

Ansicht: ____________

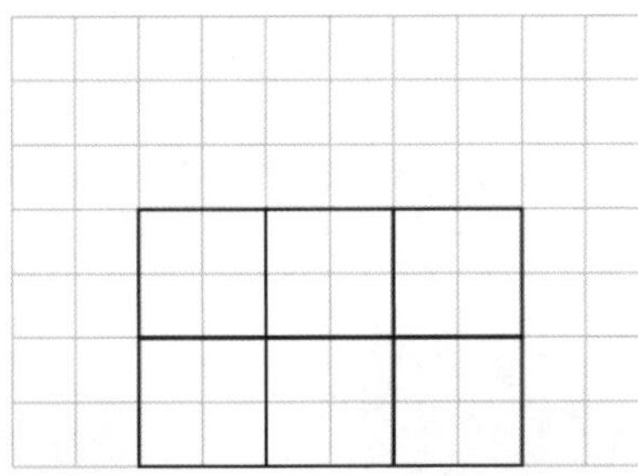

Ansicht: ____________

Ansicht: ____________

★ |

b) Eine Ansicht fehlt. Zeichne sie dazu.

★★ |

2. Hier siehst du ein Würfelgebäude.
Zeichne die sechs verschiedenen Ansichten.
Schreibe die Ansichten dazu.

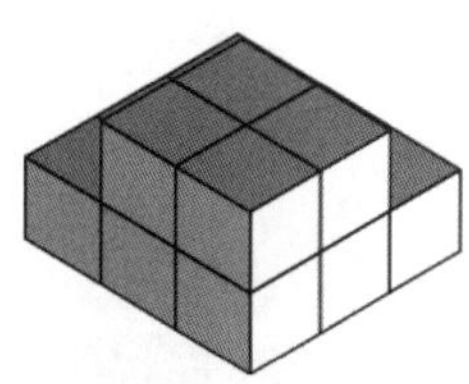

Name: Datum:

1.2 Zoospiel – Ansichten

★★ | oder

Ihr könnt zu zweit oder zu dritt spielen.
Schneidet die Tierbilder aus und legt sie verdeckt auf einen Stapel.
Jeder bekommt eine Spielfigur. Ziehe ein Tierbild vom Stapel und orientiere dich auf dem Spielplan: Welches Kind macht soeben das Foto von dem gezeigten Tier? Vergleiche dazu, wo die Kinder auf dem Spielplan beim jeweiligen Tier stehen und welche Ansicht des Tiers auf der Karte gezeigt ist.
Wenn du innerhalb einer Minute deine Spielfigur auf das richtige Feld auf dem Spielplan stellst, darfst du das Tierbild behalten. Wenn nicht, legst du die Karte unter den Stapel und das nächste Kind ist an der Reihe.
Wer die meisten Tierbilder gesammelt hat, gewinnt.

Tierbilder

Name: Datum:

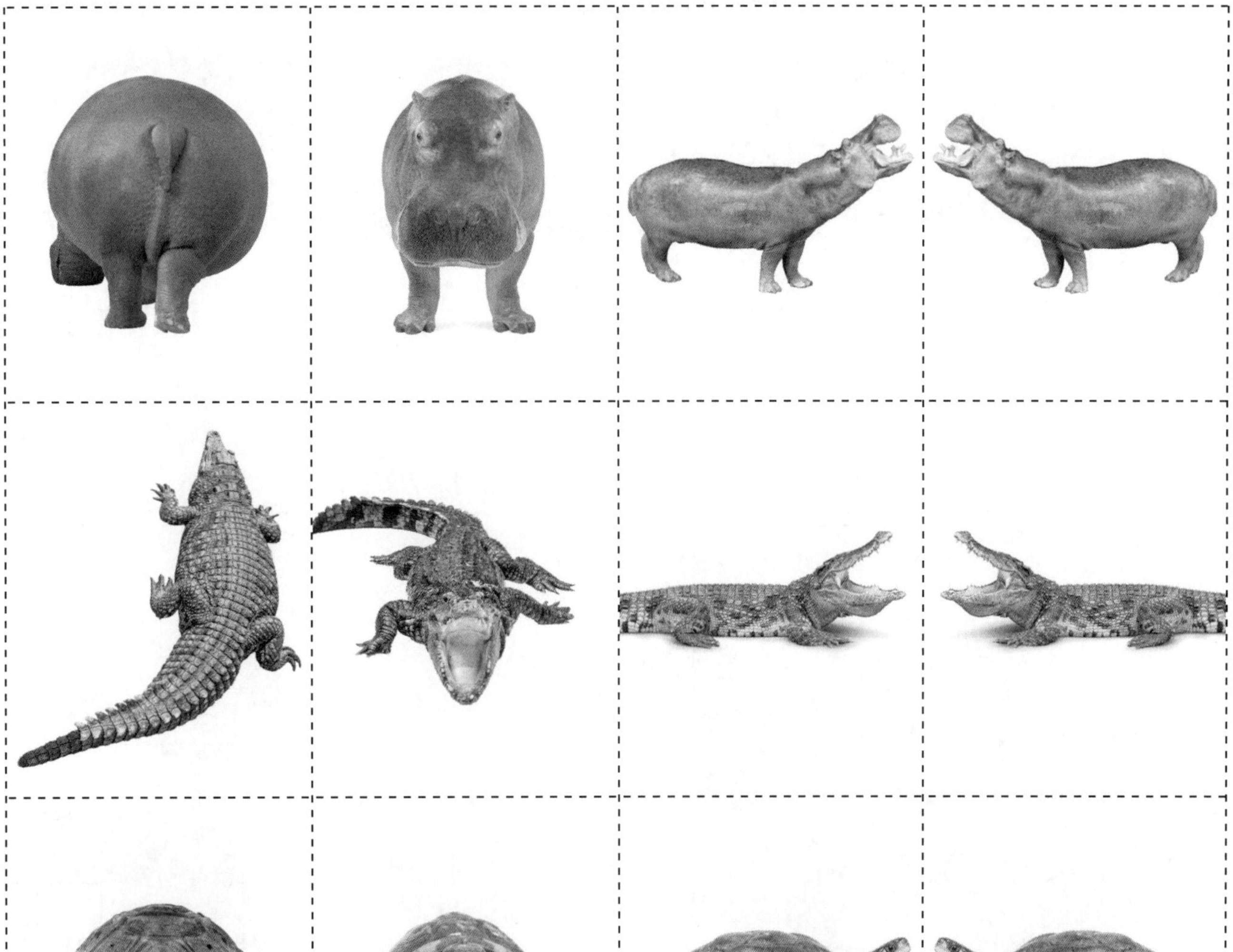

Name: Datum:

Spielplan: Zoospiel – Ansichten

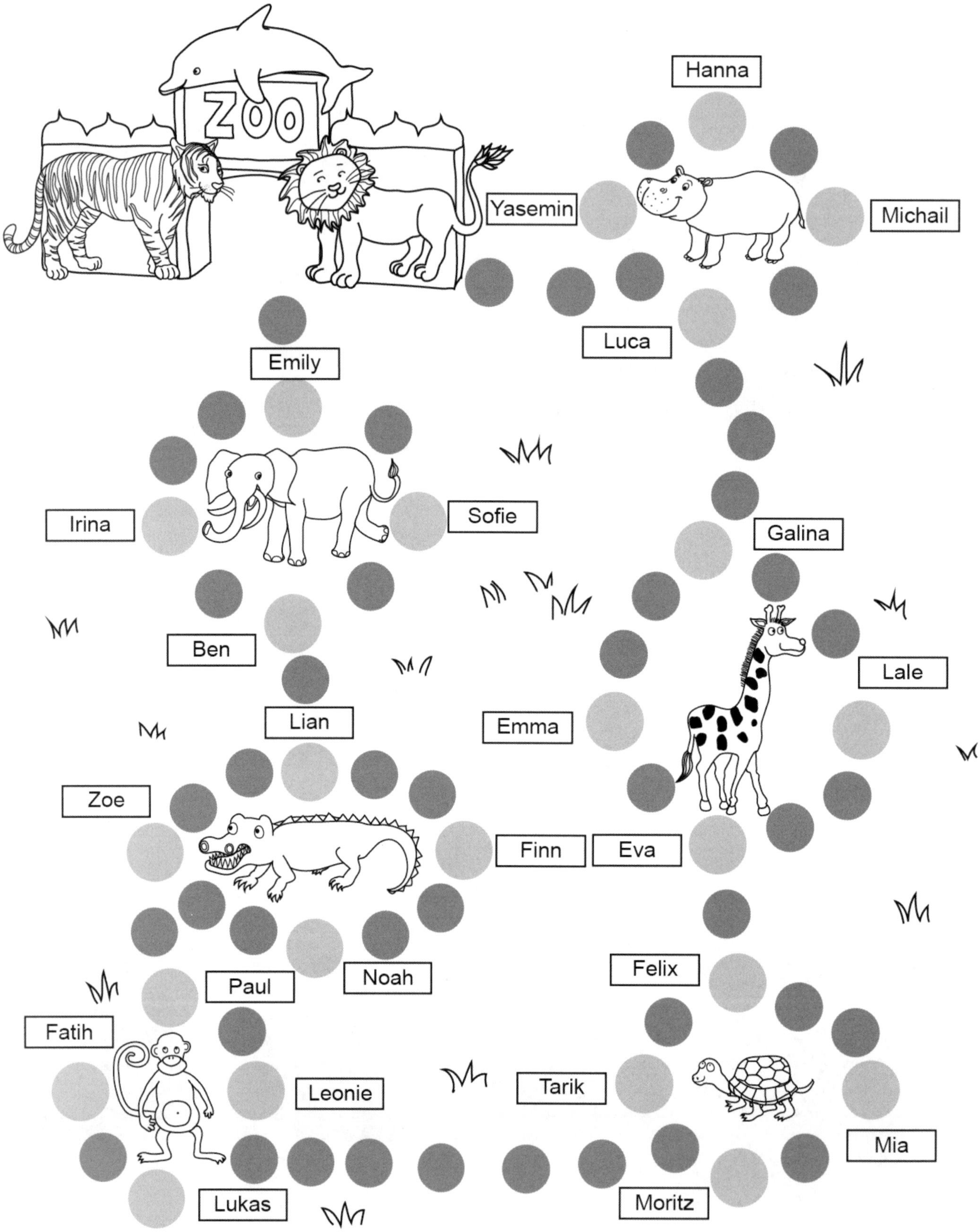

Name: Datum:

1.3 Baupläne – Fantasietiere

1. a) Baue dein Fantasietier. Verwende nicht mehr als 20 Steckwürfel und stelle es auf diesen Bauplan.

b) Fertige einen Bauplan dazu an und schreibe den Tiernamen dazu.

Mein Fantasietier heißt ______________________________.

c) Baue ein Fantasietier eines Mitschülers mithilfe seines Bauplanes nach. Vergleiche es mit dem Original-Fantasietier.

2. Notiere die Baupläne zu den Würfelgebäuden.

Name: Datum:

1.4 Schrägbilder

1. So kannst du ein Schrägbild zeichnen: Du brauchst einen gespitzten Bleistift. Zeichne die vorgezeichneten Schrägbilder nochmals daneben.

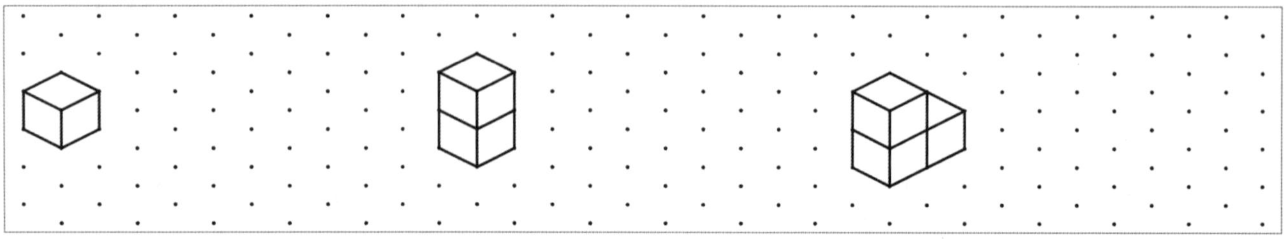

2. a) Baue die Würfelgebäude nach.

3	3	1
0	0	0

3	3	2
1	0	0

3	2	2
0	2	2

b) Zeichne die Schrägbilder zu den Würfelgebäuden bzw. Bauplänen.

3. Suche dir einen Partner. Baut je ein Würfelgebäude (mit höchstens 12 Würfeln). Notiert jeweils den Bauplan zu dem Würfelgebäude des anderen. Zeichnet anschließend das jeweilige Schrägbild.

Name: Datum:

1.5 Domino: Bauplan – Schrägbild

★★ |

Welcher Bauplan passt zu welchem Schrägbild?
Schneide die Dominokarten aus und klebe Passendes zusammen.

Start

3	2	3
1	1	1

3	3	2
1	2	1

2	2	1
2	1	1

3	3	1
1	1	1

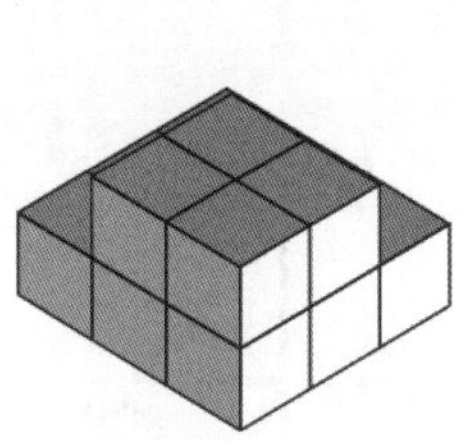

1	1	1
2	2	1
2	2	1

3	3	3
1	1	1

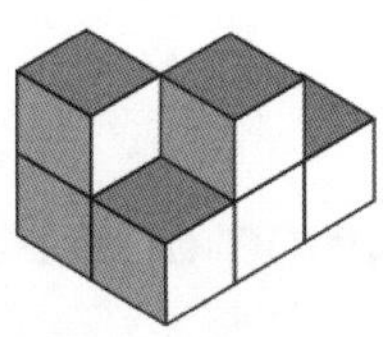

2	0	0
1	2	1

2	2	2
1	1	1

2	2	3
1	1	1

Ende

Name: Datum:

1.6 Vergrößern und verkleinern – Maßstab

Der Maßstab zeigt das Verhältnis vom Bild zur Wirklichkeit.

Verkleinerung: 1 : 2 (sprich 1 zu 2) heißt, 1 cm auf dem Bild sind 2 cm in der Wirklichkeit. Die Wirklichkeit wurde im Bild verkleinert.

Vergrößerung: 3 : 1 heißt, 3 cm auf dem Bild entsprechen 1 cm in der Wirklichkeit. Die Wirklichkeit wurde in dem Bild vergrößert.

1. a) Vergrößere die Bilder mithilfe des Karorasters.

Maßstab 2 : 1 Maßstab 3 : 1

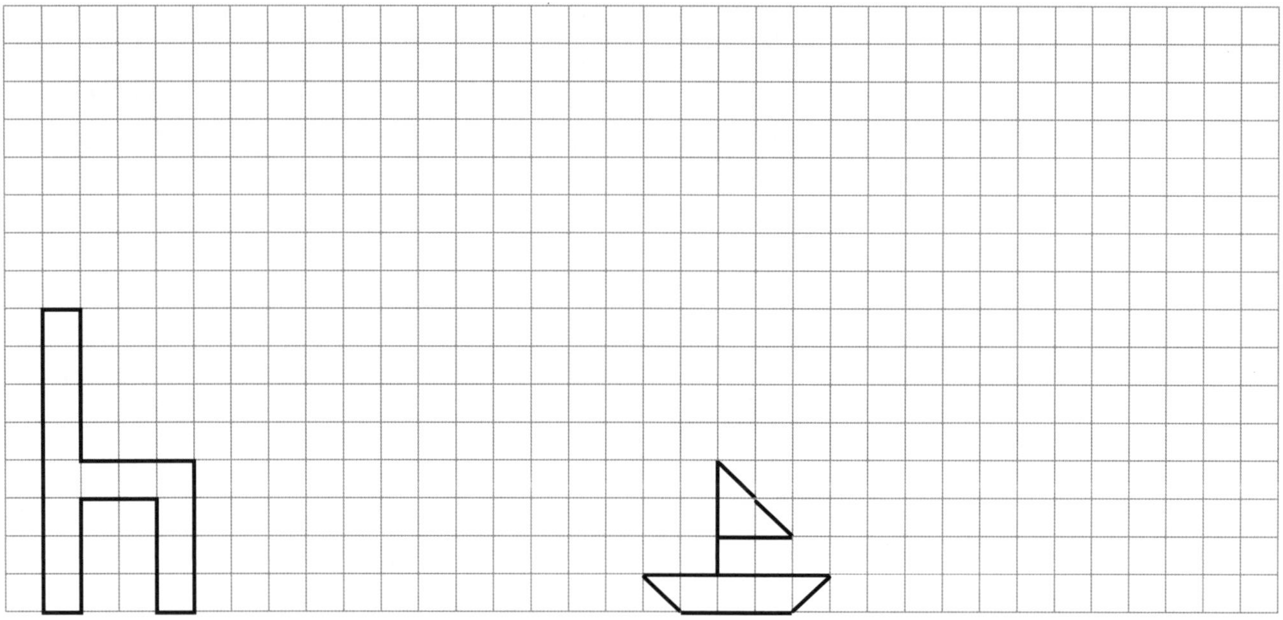

b) Beantworte die Fragen.

1. In welchem Maßstab wurde die Abbildung des Stuhls vergrößert, wenn die Sitzfläche 6 cm umfasst? ______________
2. In welchem Maßstab wurde die Abbildung des Stuhls vergrößert, wenn die Sitzfläche 12 cm umfasst? ______________
3. In welchem Maßstab wurde die Abbildung des Segelschiffs vergrößert, wenn der Mast 7,5 cm umfasst? ______________
4. In welchem Maßstab wurde die Abbildung des Segelschiffs vergrößert, wenn der Mast 9 cm umfasst? ______________

Name: Datum:

★★ |

2. a) Verkleinere im angegebenen Maßstab.

Maßstab 1 : 2 Maßstab 1 : 3

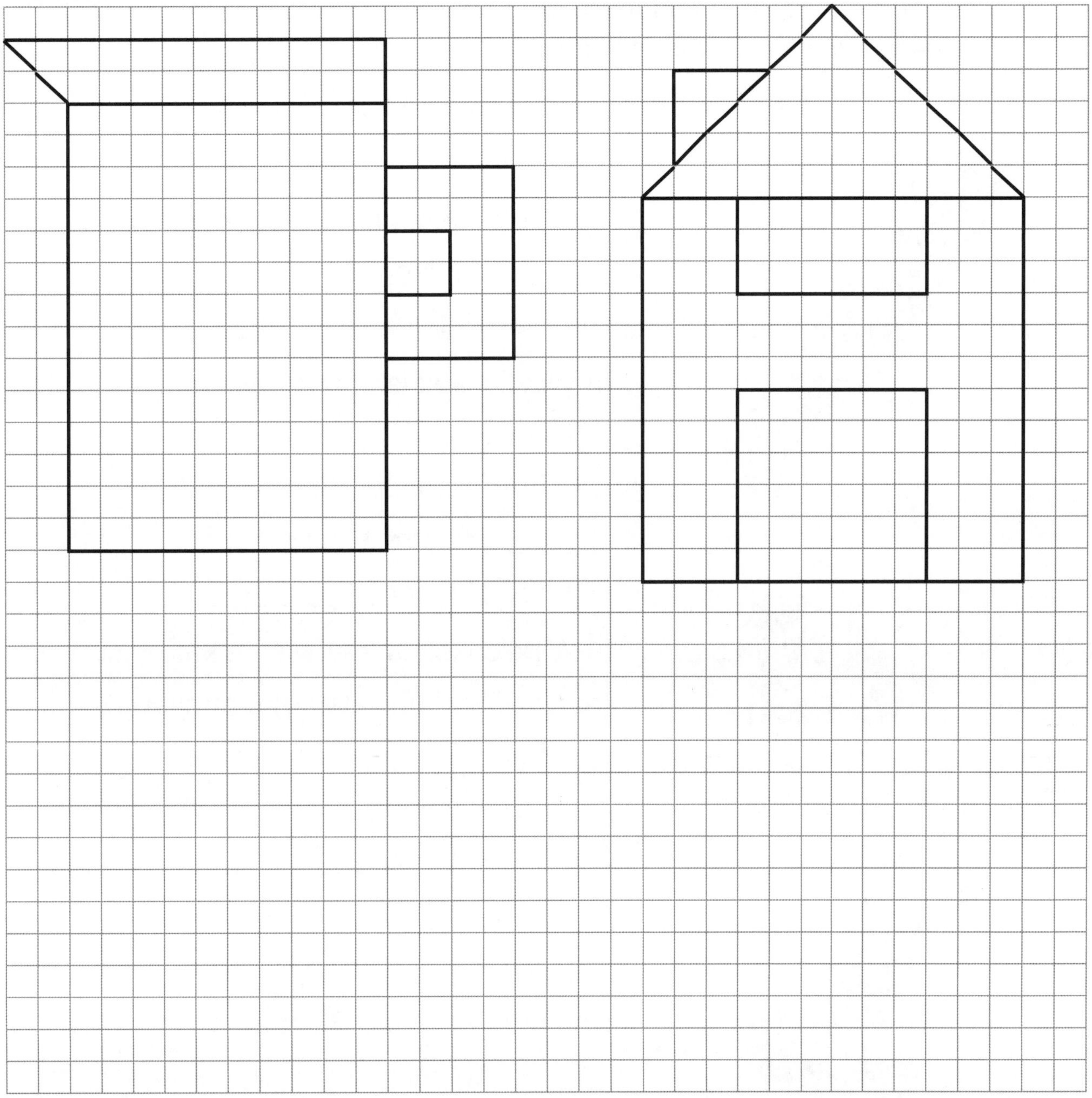

★★ |

b) Beantworte die Fragen.

1. In welchem Maßstab wurde die Abbildung des Messbechers verkleinert, wenn der Henkel 1 cm hoch ist? ______________________

2. In welchem Maßstab wurde die Abbildung des Hauses verkleinert, wenn das Haus 1 cm hoch ist? ______________________

Name: Datum:

1.7 Größer oder kleiner?

1. Schau dir die Fotos an. Notiere, ob jeweils vergrößert oder verkleinert wurde. Bestimme den Maßstab.

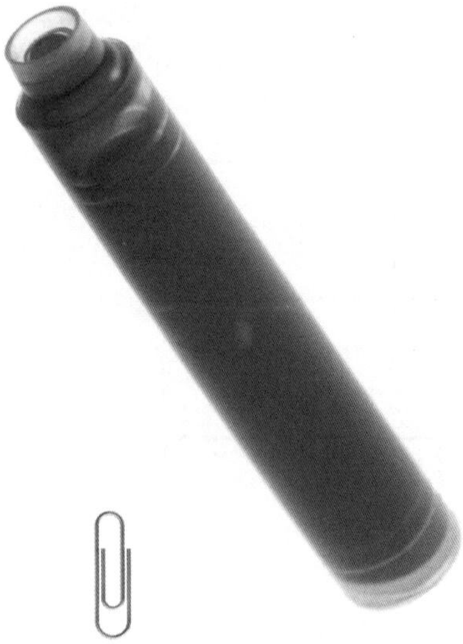

In Wirklichkeit ist die Tintenpatrone 3,8 cm lang.
Das Foto zeigt die Tintenpatrone _______ cm lang.
Der Maßstab ist __________.

In Wirklichkeit ist die Büroklammer 2,8 cm lang.
Das Foto zeigt die Büroklammer _______ cm lang.
Der Maßstab ist __________.

In Wirklichkeit ist der Marienkäfer (ohne Fühler und Beine) 8 mm lang.
Das Foto zeigt den Marienkäfer _______ mm lang.
Der Maßstab ist __________.

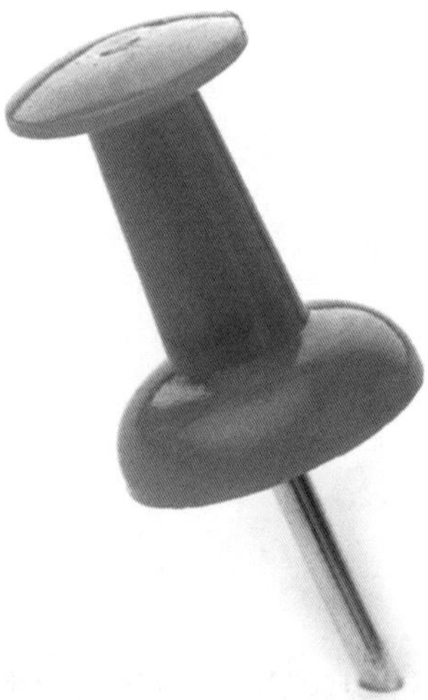

In Wirklichkeit ist die Pinnnadel 2,2 cm lang.
Das Foto zeigt die Pinnnadel _______ cm lang.
Der Maßstab ist __________.

In Wirklichkeit ist der Spitzer 30 mm lang.
Das Foto zeigt den Spitzer _______ mm lang.
Der Maßstab ist __________.

Name: Datum:

1.8 Orientieren mithilfe von Planquadraten

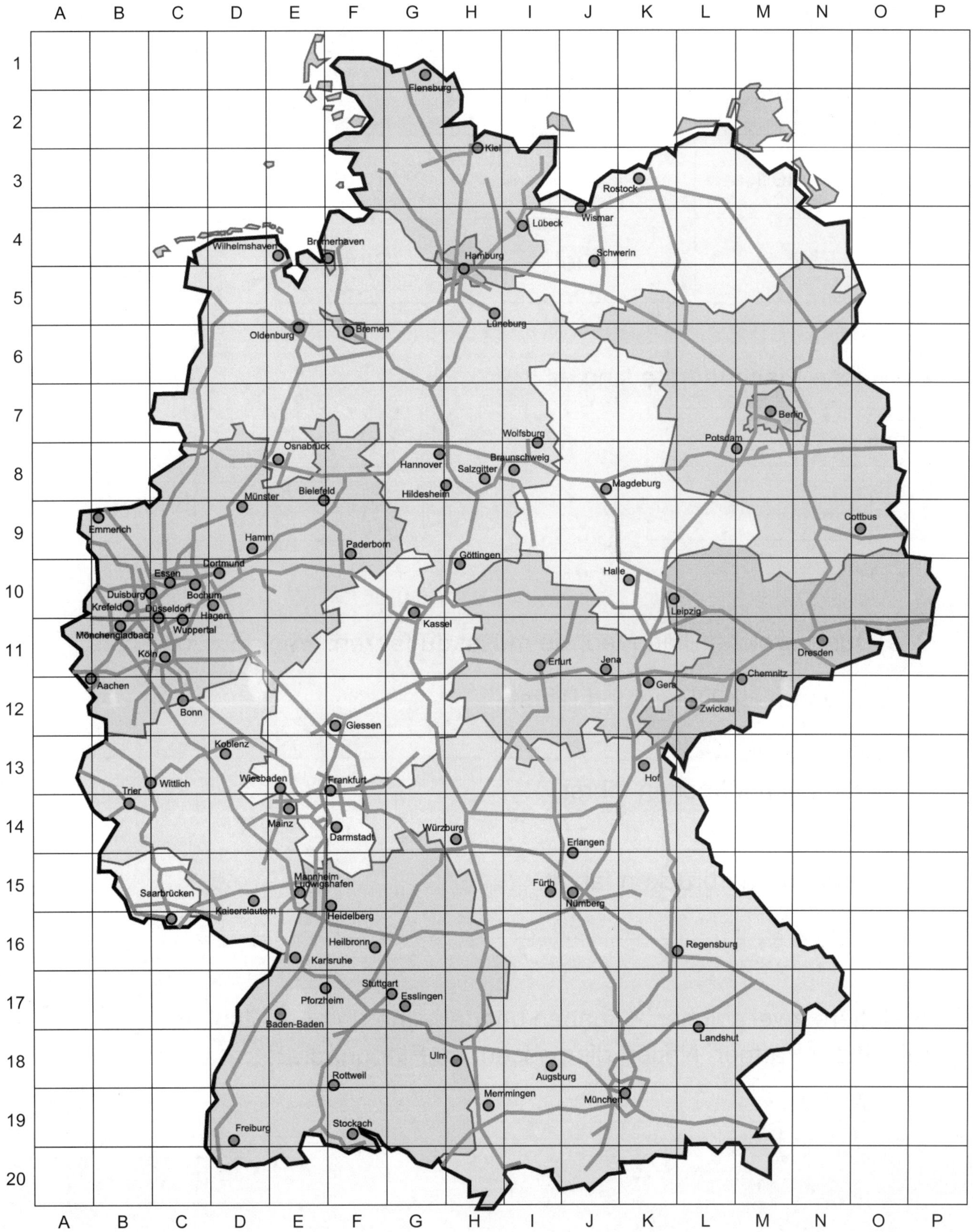

Name: Datum:

1. a) In welchem Planquadrat liegen die Städte? Male mit der gleichen Farbe an.

Wiesbaden	Düsseldorf	H2	J19
München	E13	J8	C10
F17	Kiel	Stuttgart	Magdeburg

b) Welche Planquadrate sind es?

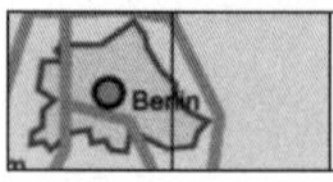

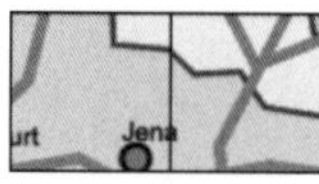

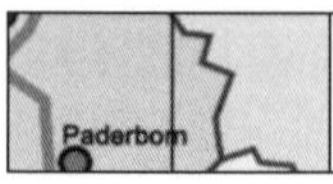

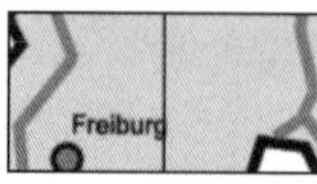

2. a) Durch welche Planquadrate musst du fahren, wenn du von …

… Stuttgart nach Düsseldorf fährst.

… Berlin nach München fährst.

… Kiel nach Saarbrücken fährst.

b) Notiere zwei solcher Aufgaben und tausche das Arbeitsblatt mit einem Partner. Notiert die passenden Planquadrate.

Name: Datum:

★ | 👤

3. In welchen vier deutschen Städten warst du schon?
Schreibe so: Blaustadt – F4

★★ | 👤

4. Was bedeutet der Maßstab auf einer Karte?

★ | 👥

5. Spiele mit einem Partner. Schneidet die Städtekarten aus.
Nutzt die Deutschlandkarte als Spielfeld. Ihr braucht noch jeweils eine Spielfigur und einen Würfel. Start ist im Feld A1. Zieht eine Karte (Name einer Landeshauptstadt). Würfelt abwechselnd. Du darfst nur senkrecht oder waagrecht nach Würfelzahl vorangehen (nicht diagonal) und während eines Zuges nicht die Richtung wechseln. Wer das Spielfeld verlassen müsste, muss einmal aussetzen und muss auf seinem Planquadrat bleiben. Wer zuerst in dem passenden Planquadrat ist, bekommt die Karte. Sieger ist derjenige, der die meisten Karten hat.

Berlin	**Hamburg**	**Bremen**	**Kiel**
Hannover	**Schwerin**	**Magdeburg**	**Potsdam**
Düsseldorf	**Wiesbaden**	**Erfurt**	**Dresden**
Mainz	**Saarbrücken**	**Stuttgart**	**München**

Name: Datum:

1.9 Lageplan/Grundriss erstellen

1. Linda bekommt das Zimmer ihrer großen Schwester Jasmin, die in eine eigene Wohnung zieht.

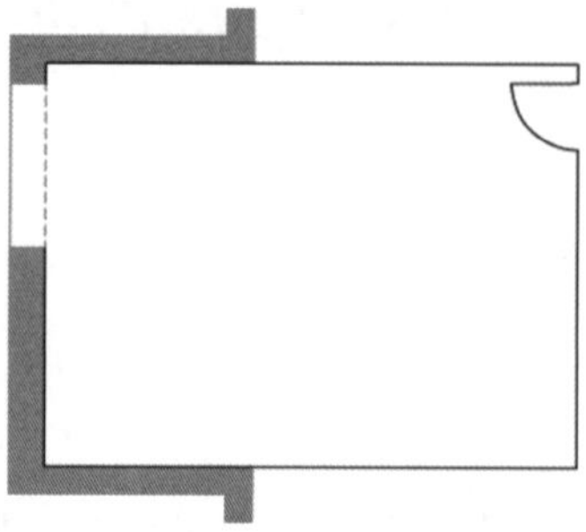

★★ |

a) Wie groß ist der Maßstab, wenn 1 cm auf dem Bild 100 cm in Wirklichkeit entsprechen?

___

___

★★ |

b) Wie lang und wie breit ist das Zimmer in Wirklichkeit?

___

___

★ |

c) Wie breit ist das Fenster in Wirklichkeit?

___

★★ |

d) Hier findet ihr die wirklichen Maße der Möbelstücke.
Rechnet sie im Maßstab 1:100 um. Wandelt zuerst in cm um.

Länge und Breite von …	In Wirklichkeit	Im Maßstab 1:100
Bett	1,00 m · 2,00 m =	
Schreibtisch	1,20 m · 0,80 m =	
Schreibtischstuhl	0,50 m · 500 mm =	
Kleiderschrank	1,50 m · 5 dm =	
Bücherregal	8 dm · 0,30 m =	

★★ |

e) Zeichne die Möbelstücke im Maßstab 1:100 auf ein unliniertes Blatt und schneide sie aus.

Name: Datum:

★★ | 👤

f) Linda möchte noch ein kleines Sofa und einen kleinen Tisch haben. Wie groß sind Sofa und Tisch in Wirklichkeit?

Sofa ______________ Tisch ______________

★ | 👤

g) Nun kannst du Lindas Zimmer einrichten. Klebe alle Möbel auf.

★★ | 👥

2. a) Messt euer Klassenzimmer und die Schulmöbel aus und rechnet sie im Maßstab 1:100 um. Erstellt eine Übersichtstabelle:

Länge und Breite von …	In Wirklichkeit	Im Maßstab 1:100
Klassenzimmer/Schülertisch/ Stuhl/Lehrertisch/Regal		

★★ | 👥

b) Fertigt wie bei Lindas Möbeln Modelle an.

★★ | 👥

c) Erstellt eine Skizze im Maßstab 1:100 von eurem Klassenzimmer. Denkt an Tür, Fenster, Waschbecken und Tafel.

★★ | 👥

d) Stellt die Tische/Stühle/Regale so, wie ihr es für sinnvoll haltet und stellt euren Plan der Klasse vor.

★★★ | 👤

3. Welcher Maßstab kam bei dieser Abbildung zur Anwendung? Achte darauf, dass du in der gleichen Einheit rechnest.

Länge und Breite von …	In der Abbildung	In der Wirklichkeit	Maßstab
Esstisch	1,8 cm · 0,9 cm	1800 mm · 900 mm	
Schrankwand	5,8 cm · 1 cm	2,90 m · 0,50 m	
Badewanne	9 mm · 4 mm	180 cm · 80 cm	
Computertisch	7 cm · 3 cm	1,40 m · 0,60 m	

1.1 Ansichten von Würfelgebäuden

1. a)/b)

Ansicht: *von vorn* Ansicht: *von links* Ansicht: *von unten*

Ansicht: *von hinten* Ansicht: *von oben*

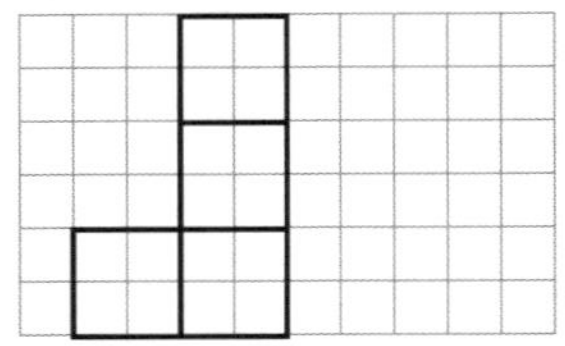

Ansicht: *von rechts*

2.

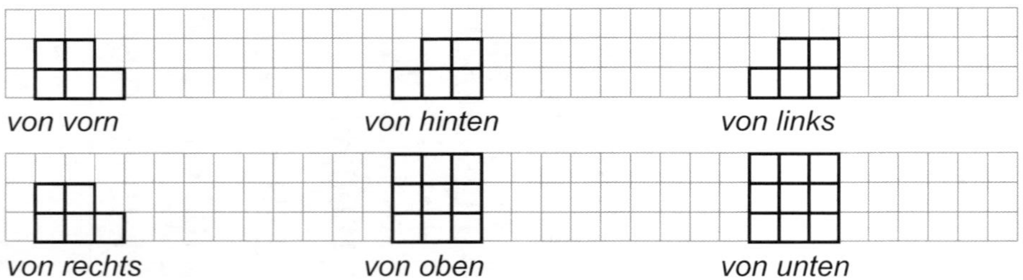

1.3 Baupläne – Fantasietiere

2.

3	3	2
2	2	2
1	2	1

3	2	2
1	1	1
1	1	3

1.4 Schrägbilder

2. b)

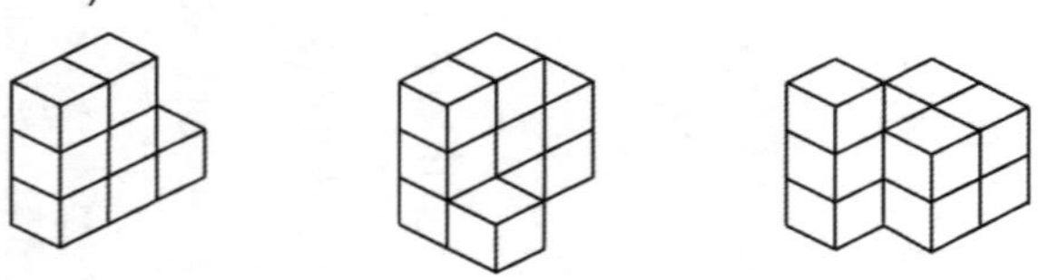

1.6 Vergrößern und verkleinern – Maßstab

1. a) Vergrößere die Bilder mithilfe des Karorasters.

Maßstab 2 : 1 Maßstab 3 : 1

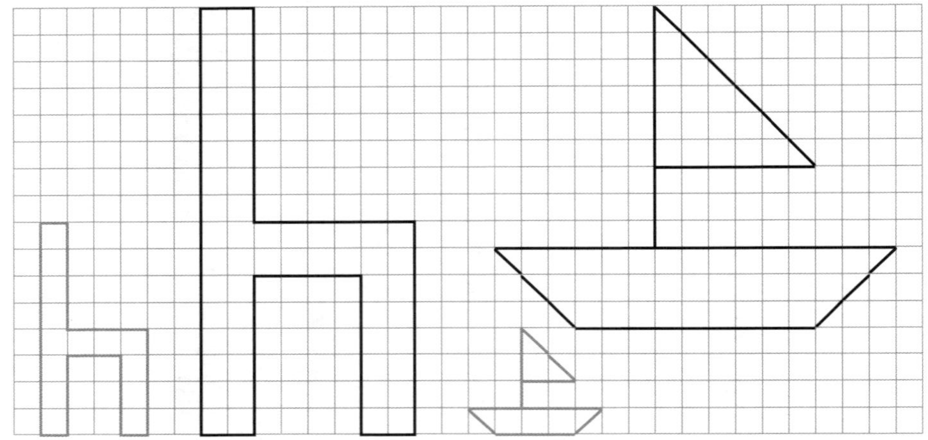

b) 1. Maßstab *4 : 1*, 2. Maßstab *8 : 1*, 3. Maßstab *5 : 1*, 4. Maßstab *6 : 1*

2. a)

Maßstab 1 : 2 Maßstab 1 : 3

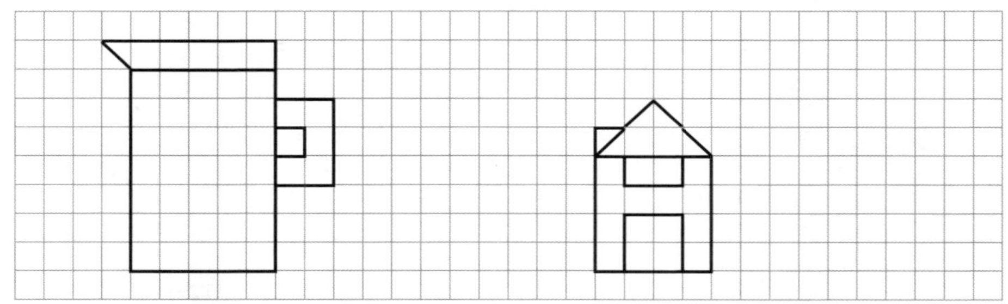

b) 1. *Maßstab 1 : 3*, 2. *Maßstab 1 : 9*

1.7 Größer oder kleiner?

1. Das Foto zeigt die Tintenpatrone *7,6* cm lang.
Der Maßstab ist *2:1*.

Das Foto zeigt die Büroklammer *1,4* cm lang.
Der Maßstab ist *1:2*.

Das Foto zeigt den Marienkäfer *32* mm lang.
Der Maßstab ist *4:1*.

Das Foto zeigt die Pinnnadel *6,6* cm lang.
Der Maßstab ist *3:1*.

Das Foto zeigt den Spitzer *10* mm lang.
Der Maßstab ist *1:3*.

1.8 Orientieren mithilfe von Planquadraten

1. a)

Wiesbaden ●	Düsseldorf ♦	H2 ♥	J19 □
München □	E13 ●	J8 ❁	C10 ♦
F17 ■	Kiel ♥	Stuttgart ■	Magdeburg ❁

b)

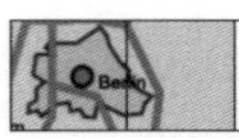

M7/N7

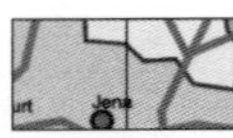

J11/K11

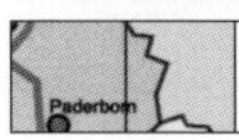

F9/G9

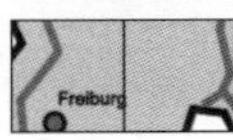

D19/E19

2. a)
Stuttgart nach Düsseldorf: *F17, E17, E16, E15, E14, D14, D13, C13, C12, C11, C10*

Berlin nach München: *M7, L8, L9, K9–K13, J14–J17, K18, K19*

Kiel nach Saarbrücken: *H2–H5, G5, G6, F6, E6–E8, D8, D9, C9–C14, B14, C15, C16*

4. *Der Maßstab gibt an, wie groß eine Länge auf der Karte in Wirklichkeit ist.*

Lerntheke 1 – Lösungen

1.9 Lageplan/Grundriss erstellen

1. a) *Der Maßstab ist 1 : 100.*

b) *Das Zimmer ist 3 m · 4 m in Wirklichkeit.*

c) *Das Fenster ist 1,20 m breit.*

d)

Länge und Breite von …	In Wirklichkeit		Im Maßstab 1:100
Bett	1,00 m · 2,00 m	=	1 cm · 2 cm
Schreibtisch	1,20 m · 0,80 m	=	1,2 cm · 0,8 cm
Schreibtischstuhl	0,50 m · 500 mm	=	0,5 cm · 0,5 cm
Kleiderschrank	1,50 m · 5 dm	=	1,5 cm · 0,5 cm
Bücherregal	8 dm · 0,30 m	=	0,8 cm · 0,3 cm

f) Das Sofa ist 1,5 m · 1 m und der Tisch 1 m · 1 m in Wirklichkeit.

3.

Länge und Breite von …	In der Abbildung	In der Wirklichkeit	Maßstab
Esstisch	1,8 cm · 0,9 cm	1800 mm · 900 mm	1 : 100
Schrankwand	5,8 cm · 1 cm	2,90 m · 0,50 m	1 : 50
Badewanne	9 mm · 4 mm	180 cm · 80 cm	1 : 200
Computertisch	7 cm · 3 cm	1,40 m · 0,60 m	1 : 20

Lerntheke 2
Geometrische Formen

Anhand dieser Lerntheke befassen sich die Kinder mit Eigenschaften geometrischer Formen. Außerdem werden Parallelen und Senkrechten behandelt.

Übersicht

2.1 Geometrische Formen erkennen und benennen	Die Schüler erkennen und benennen geometrische Formen.	★ | 👤 und ★ | 👥
2.2 Geometrische Formen am Geobrett spannen	Die Schüler spannen geometrische Formen nach Vorgabe am Geobrett.	★ | 👤, ★★ | 👤 und ★★ | 👤 👥
2.3 Geometrische Formen zerlegen und zusammensetzen	Die Schüler zerlegen geometrische Formen und setzen sie zusammen.	★★ | 👤 und ★★★ | 👤
2.4 Senkrecht und parallel	Die Schüler erkennen und zeichnen zueinander parallele und senkrechte Geraden.	★ | 👤, ★★ | 👤 und ★★★ | 👤
2.5 Eigenschaften von Quadrat und Rechteck/ 2.6 Eigenschaften von weiteren Vierecken	Die Schüler benennen Eigenschaften von Vierecken mit Fachbegriffen (Anzahl und Länge der Seiten, Anzahl der Ecken, parallel, senkrecht, achsensymmetrisch).	★ | 👤 und ★★ | 👤
2.7 Stimmen die Aussagen?	Die Schüler überprüfen und begründen Aussagen zu Eigenschaften geometrischer Formen.	★★ | 👤 und ★★ | 👥
2.8 Puzzles – Eigenschaften von Rechteck, Quadrat und Dreieck	Die Schüler ordnen Eigenschaften von Rechteck, Quadrat und Dreieck zu.	★★ | 👤

Name: Datum:

2.1 Geometrische Formen erkennen und benennen

★ |

1. a) Kennst du die Namen der geometrischen Formen?
Male Paare mit der gleichen Farbe an.

Quadrat
Rechteck
Dreieck
Kreis
Trapez
Parallelogramm
Drache
Raute
Fünfeck
Achteck

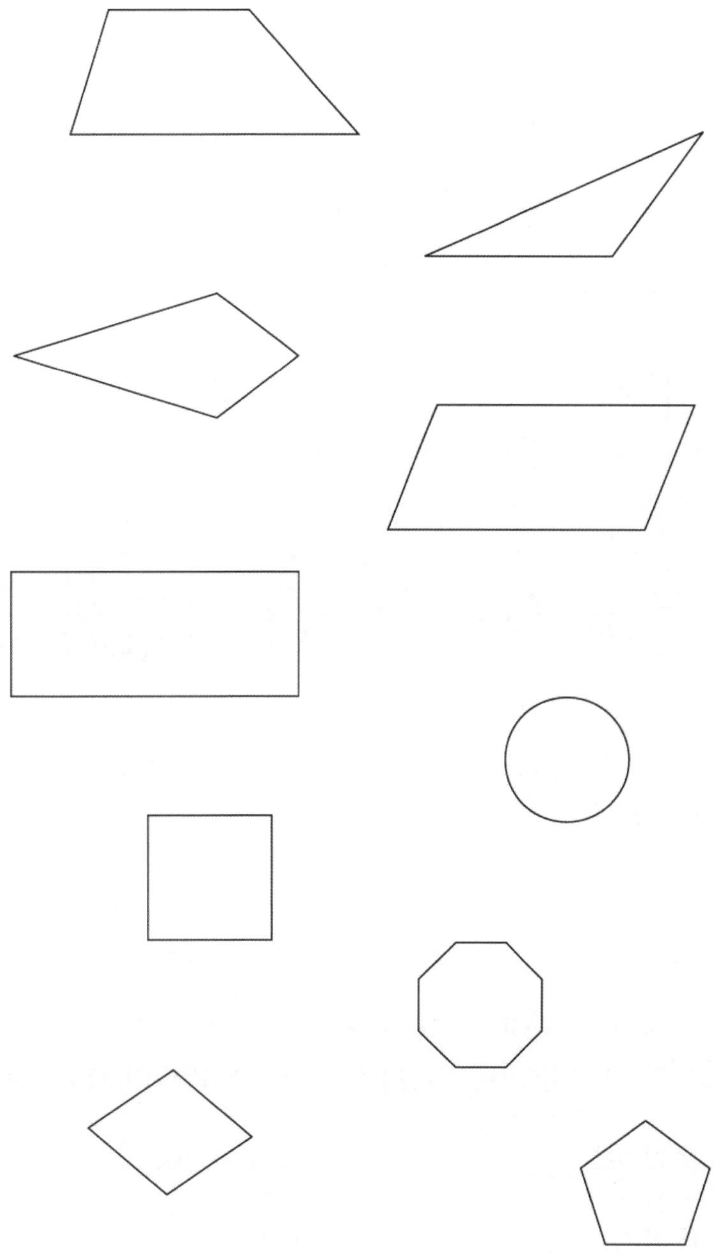

★ |

b) Schreibe ein V hinter die Namen aller Vierecke. Notiere die Vierecke.

Name: Datum:

★ |

2. a) Male die geometrischen Formen in dem Bild an.

Quadrate: rot Rechtecke: hellgrün Dreiecke: gelb

Kreise: orange Trapeze: hellblau Parallelogramme: blau

b) Notiere in der Liste, wie viele der Formen in dem Bild enthalten sind. Skizziere freihändig jeweils die jeweilige Form dazu.

Quadrate: _____ Rechtecke: _____ Dreiecke: _____

Kreise: _____ Trapeze: _____ Parallelogramme: _____

★ |

3. Suche dir einen Partner. Ein Kind zeigt auf eine geometrische Form in dem Bild, das andere benennt die Form. Wechselt euch ab.

2.2 Geometrische Formen am Geobrett spannen

1. a) Spanne vier verschiedene Rechtecke und zeichne sie in das Punkteraster ein.

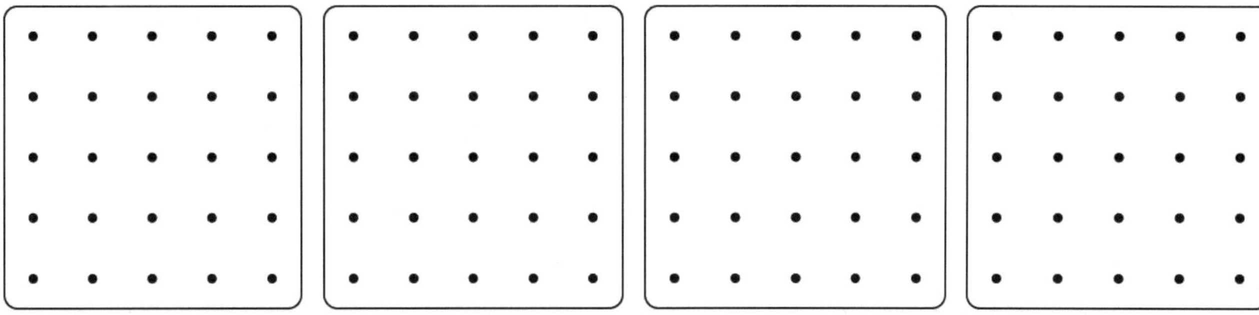

b) Spanne das größte Quadrat und danach das kleinste Quadrat, indem du nur einmal umspannst. Zeichne beide in ein Punkteraster ein.

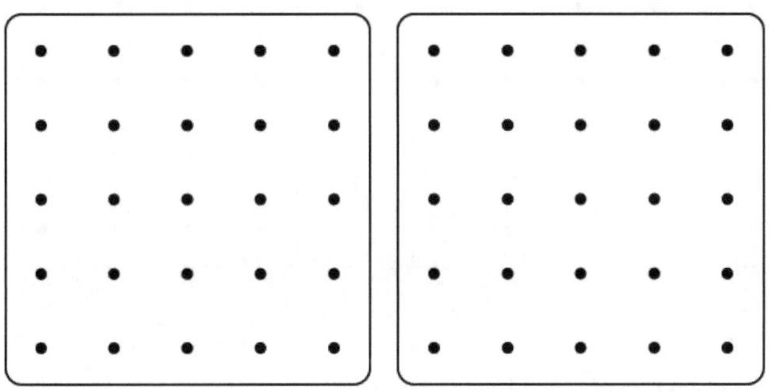

c) Spanne aus einem Quadrat ein halb so großes Dreieck, in dem du einmal umspannst. Zeichne das Quadrat und das halb so große Dreieck jeweils in ein Punkteraster ein.

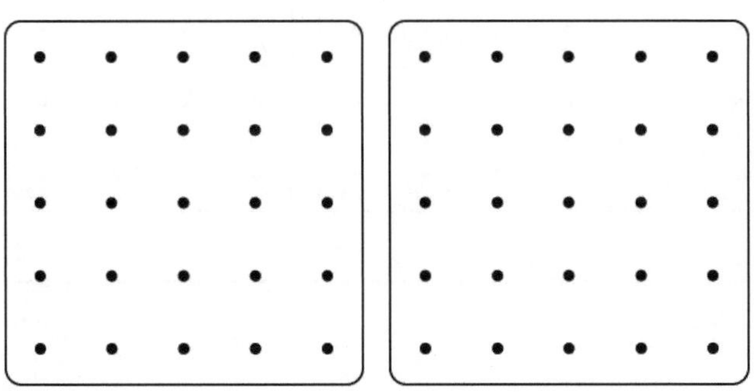

d) Wie kannst du beweisen, dass das Dreieck wirklich halb so groß ist wie das Quadrat?

Name: ____________________ Datum: ____________

★ |

e) Spanne vier verschiedene Dreiecke, die eine Seite gemeinsam haben.
Zeichne sie ein.

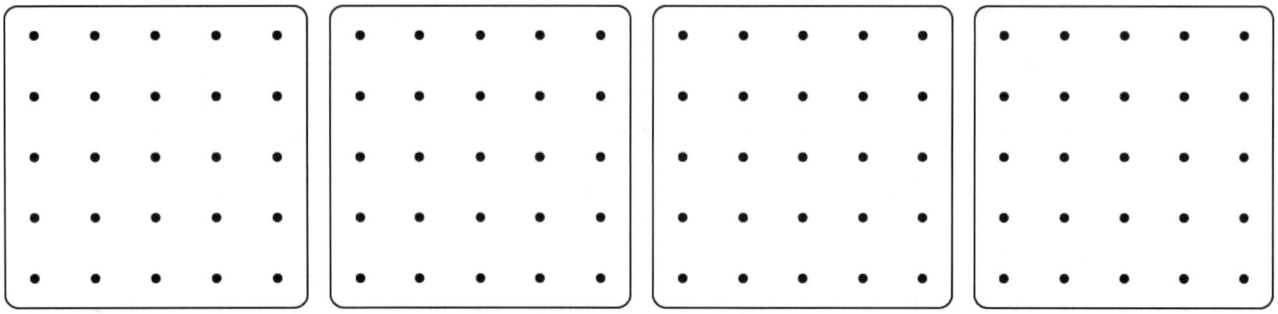

★★ |

f) Spanne vier verschiedene Dreiecke, die einen rechten Winkel haben.
Zeichne sie ein.

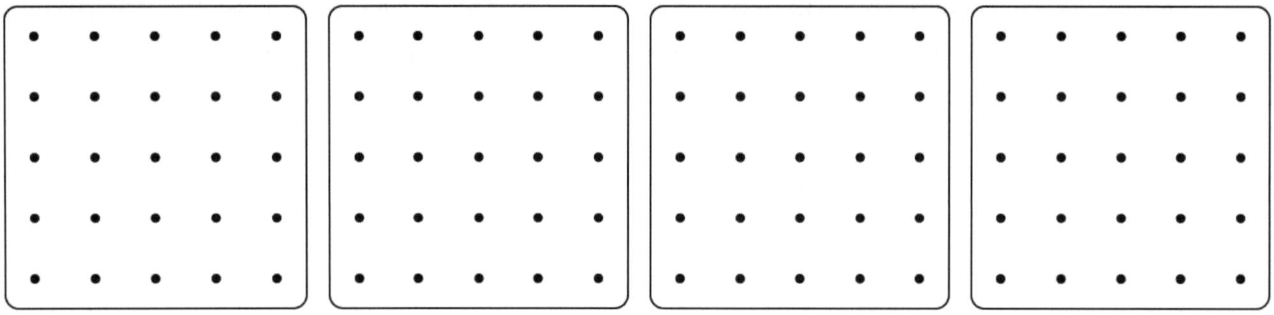

★★ |

g) Spanne andere Vierecke (kein Quadrat oder Rechteck).
Zeichne sie ein. Schreibe ihre Namen dazu.

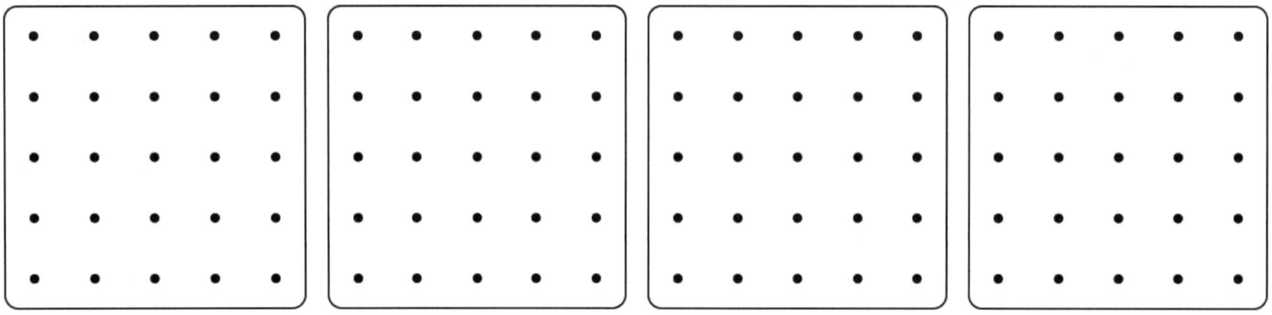

________________ ________________ ________________ ________________

★★ |

2. Erstelle eine Aufgabe in deinem Heft. Tausche sie mit einem Partner.
Löse die Aufgabe des Partnerkindes, indem du am Geobrett spannst und die Ergebnisse ins Heft zeichnest. Vergleicht eure Ergebnisse miteinander.

Name: Datum:

2.3 Geometrische Formen zerlegen und zusammensetzen

1. a) Falte ein rechteckiges Blatt so, dass 2 Vierecke entstehen.

b) Falte ein rechteckiges Blatt so, dass 2 Dreiecke entstehen.

c) Falte ein quadratisches Blatt so, dass 4 gleiche Teile entstehen.

d) Falte ein quadratisches Blatt so, dass 8 gleiche Teile entstehen. Suche zwei Möglichkeiten.

2. Arbeite mit einem Lineal und einem gespitzten Bleistift.

a) Teile das Rechteck durch eine Linie in 1 Quadrat und 1 Rechteck.

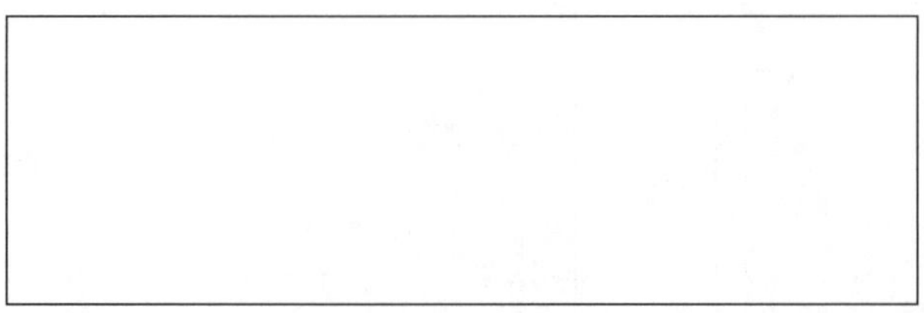

b) Teile das Rechteck in 8 gleich große Dreiecke.

c) Teile das Dreieck in 2 Dreiecke.

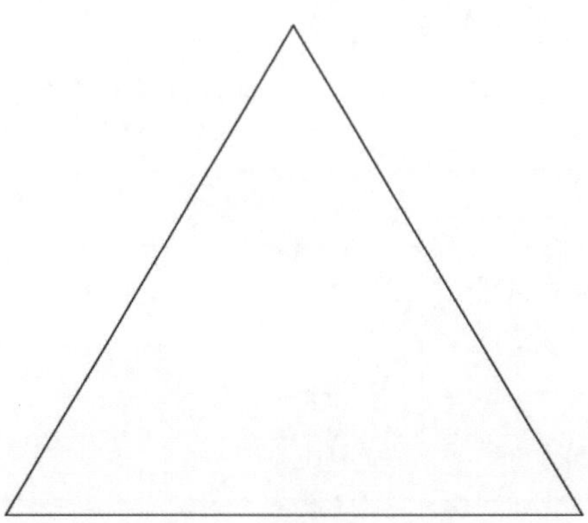

d) Teile das Dreieck in 2 Dreiecke und 1 Quadrat.

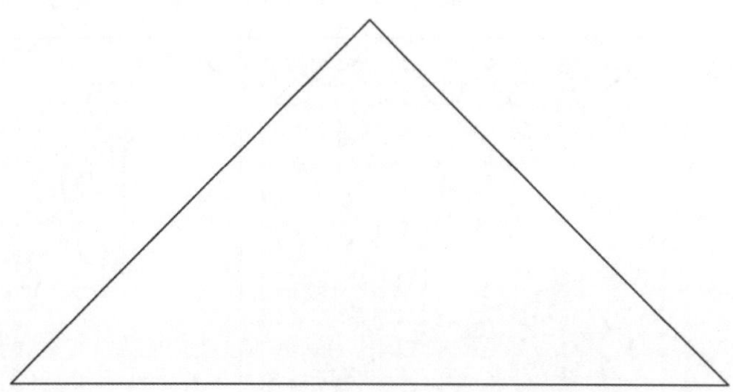

Name: Datum:

★★ |

3. Welche Puzzleteile gehören zusammen? Schreibe so: T und P

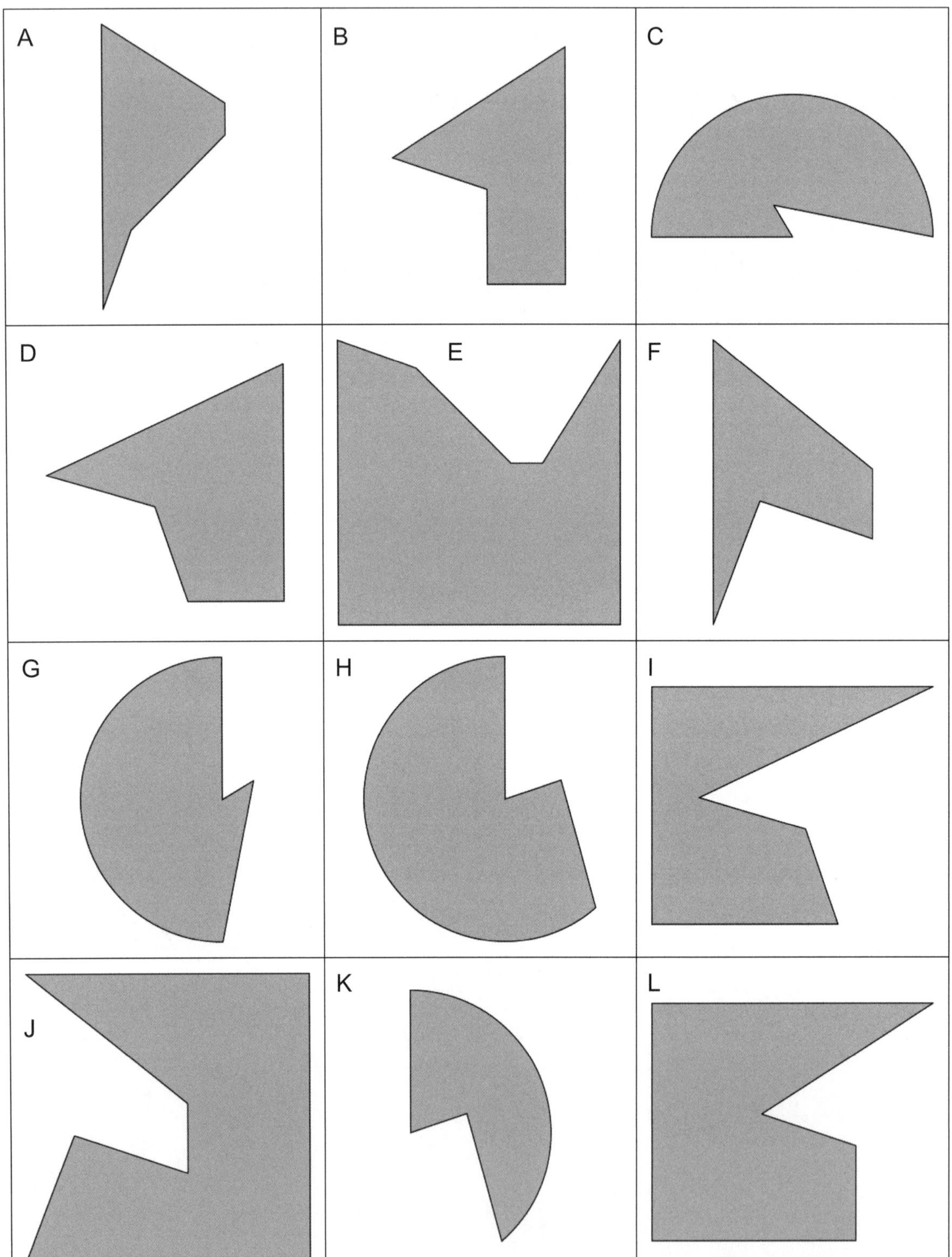

Lerntheke 2

Name: Datum:

2.4 Senkrecht und parallel

Mit einem Faltwinkel kannst du **rechte Winkel** finden.
Bei einem rechten Winkel stehen die beiden Linien senkrecht aufeinander.
Senkrechte Linien / rechte Winkel kannst du so kennzeichnen: ⊾

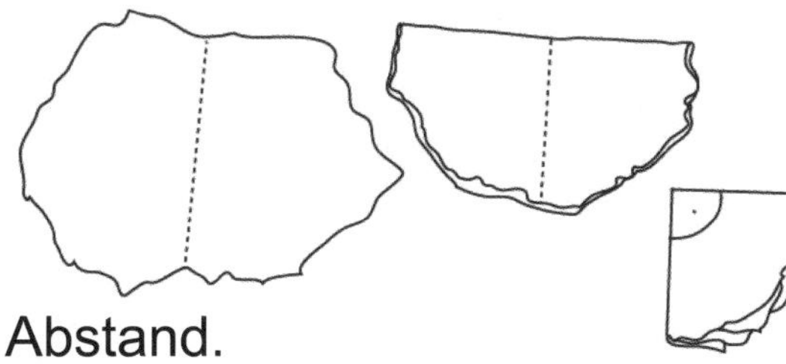

Parallele Linien haben überall denselben Abstand.
Parallele Linien kannst du so kennzeichnen: g II h

So findest oder zeichnest du rechte Winkel:

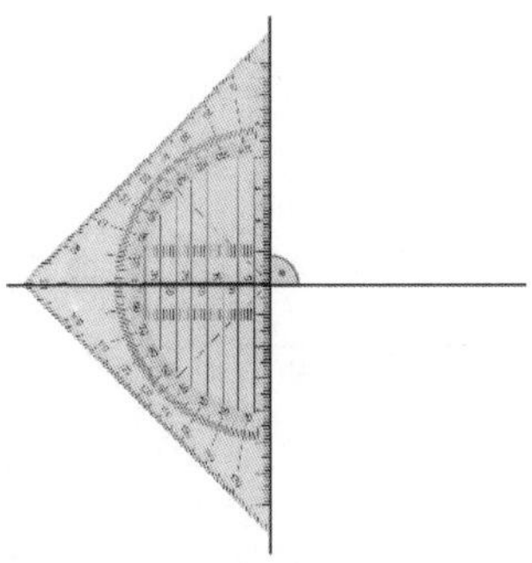

So findest oder zeichnest du Parallelen:

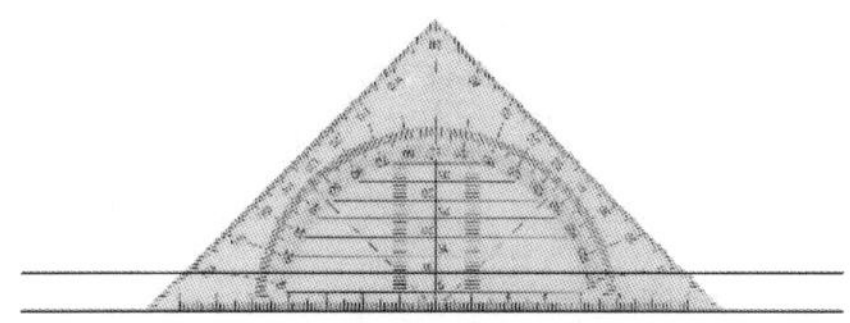

1. a) Zeichne alle rechten Winkel beim Geodreieck mit dem Symbol ⊾ rot ein.

b) Zeichne nun alle zueinander parallelen Linien im Geodreieck grün ein.

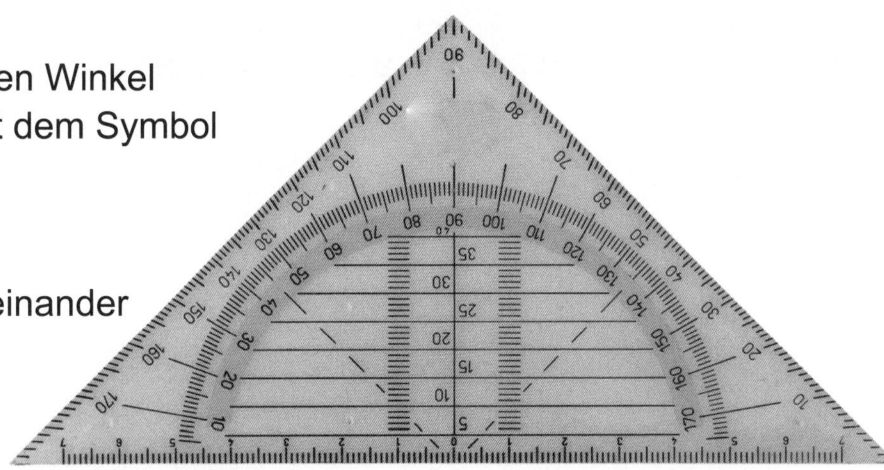

c) Suche in den Bildern rechte Winkel. Du kannst mit deinem Geodreieck oder einem Faltwinkel kontrollieren.

Lerntheke 2

★★ |

2. a) Welche Geraden sind senkrecht zueinander? Zeichne sie mit der gleichen Farbe nach. Trage die rechten Winkel ein.

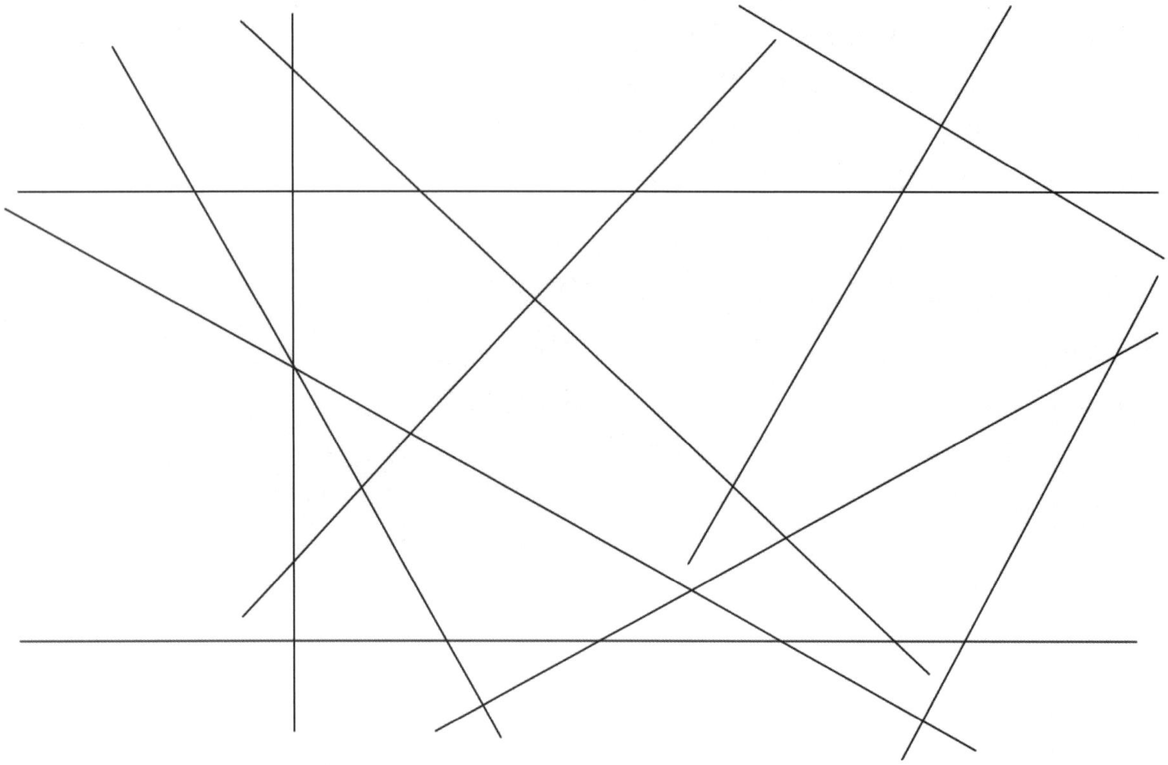

★★★ |

b) Zeichne zu der Geraden a und durch den Punkt R eine Senkrechte.

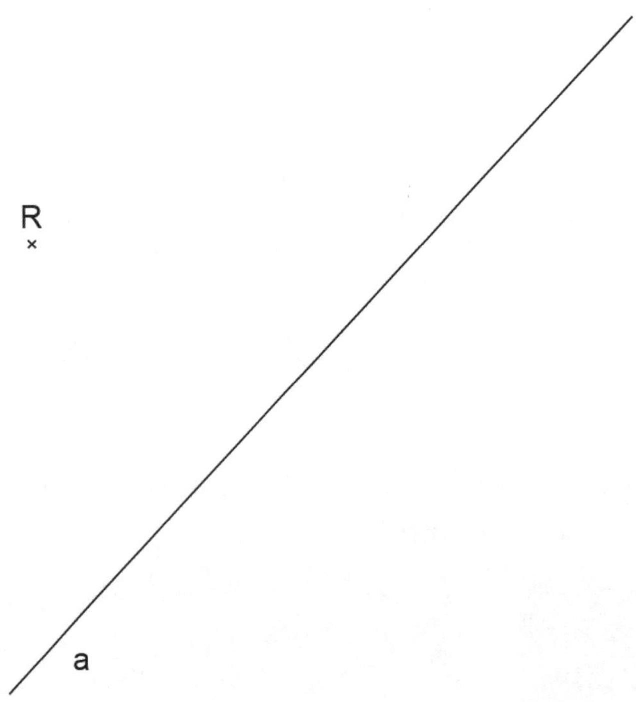

Name: Datum:

★★

3. a) Welche Geraden sind parallel zueinander? Zeichne sie mit der gleichen Farbe nach.

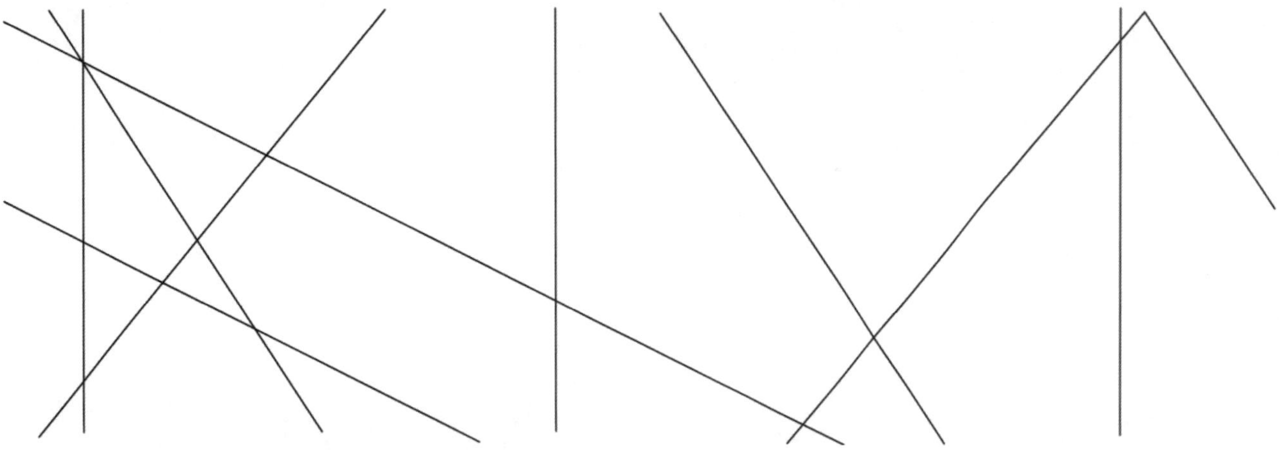

★★★

b) Zeichne zu der Geraden a und durch den Punkt P eine Parallele.

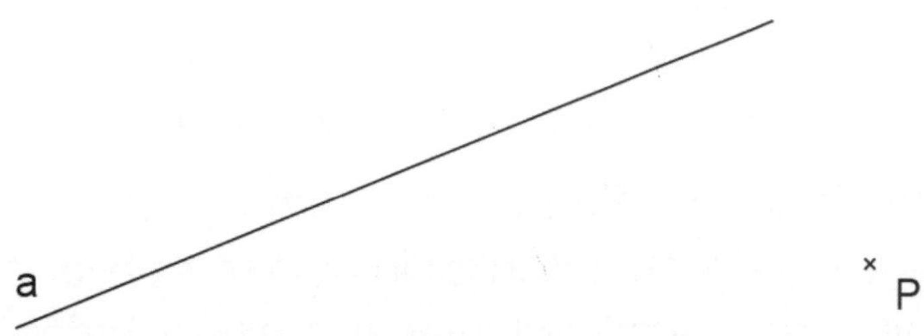

★★

4. Suchrätsel

Wo sind die Begriffe „senkrecht“ und „parallel“ versteckt? Male die Begriffe mit jeweils der gleichen Farbe an.

S	E	A	R	S	D	O	P	A	P	P	S	A	P	S	K	O	S	R	E
E	I	K	R	E	C	H	T	A	A	A	C	H	R	E	S	C	W	L	H
N	S	N	A	R	E	P	R	R	S	A	R	E	O	N	N	P	A	R	S
K	R	E	C	H	T	A	A	S	W	J	K	A	L	K	A	S	C	H	E
A	P	S	L	O	L	L	E	R	S	A	L	P	L	R	E	C	H	T	K
P	W	R	E	L	L	P	A	R	A	L	L	E	L	L	O	S	X	H	T
S	C	H	E	E	S	P	A	N	M	L	K	O	O	A	E	L	O	C	R
T	E	L	L	P	A	R	A	L	L	E	L	L	S	A	L	L	R	E	R
C	H	T	E	R	S	P	A	S	R	E	T	E	G	S	E	N	K	R	D
S	W	P	H	J	K	W	E	R	C	H	T	S	L	K	S	A	W	L	S

Name: Datum:

2.5 Eigenschaften von Quadrat und Rechteck

1. a) Zeichne ein Quadrat und ein Rechteck.

b) Wie viele Ecken und Seiten haben die beiden Formen? Notiere.

Quadrat: ____________________

Rechteck: ____________________

2. a) Untersuche die beiden Formen mit dem Geodreieck.
Kennzeichne jeweils rechte Winkel in deinen Abbildungen von Aufgabe 1.
Markiere zueinander parallele Linien mit jeweils einer Farbe.

b) Notiere die Ergebnisse.

Quadrat
Rechte Winkel: nein ☐ ja ☐ Anzahl: ________
Zueinander parallele Seiten: nein ☐ ja ☐ Anzahl: ________
Länge der Seiten: ____________________

____

Rechteck
Rechte Winkel: nein ☐ ja ☐ Anzahl: ________
Zueinander parallele Seiten: nein ☐ ja ☐ Anzahl: ________
Länge der Seiten: ____________________

____

3. Sind die beiden Formen achsensymmetrisch? Zeichne jeweils die Symmetrieachsen in deine Abbildungen von Aufgabe 1 ein.

Name: Datum:

2.6 Eigenschaften von weiteren Vierecken

★★ |

1. Untersuche die geometrischen Formen. Ergänze die Listen.

Name: Trapez	Name: Parallelogramm
Anzahl Ecken: ______	Anzahl Ecken: ______
Anzahl Seiten: ______	Anzahl Seiten: ______
Länge der Seiten: ______ ______	Länge der Seiten: ______ ______
Rechte Winkel: ______	Rechte Winkel: ______
Parallelen: ______ ______	Parallelen: ______ ______
Achsensymmetrie: ______ ______	Achsensymmetrie: ______ ______
Name: Drache	Name: Raute
Anzahl Ecken: ______	Anzahl Ecken: ______
Anzahl Seiten: ______	Anzahl Seiten: ______
Länge der Seiten: ______ ______	Länge der Seiten: ______ ______
Rechte Winkel: ______	Rechte Winkel: ______
Parallelen: ______ ______	Parallelen: ______ ______
Achsensymmetrie: ______ ______	Achsensymmetrie: ______ ______

Name: Datum:

2.7 Stimmen die Aussagen?

★★ | 👤

1. Lies die Aussagen durch. Stimmen sie? Begründe jeweils.

Nur ein Quadrat hat vier gleich lange Seiten.

Ein Quadrat hat auch die Eigenschaften eines Rechtecks.

Ein Drache besitzt zwei Spiegelachsen.

Nur ein Rechteck hat vier rechte Winkel.

Ein Rechteck ist ein besonderes Parallelogramm.

★★ | 👤

2. a) Denke dir selbst zwei Aussagen zu den Eigenschaften der geometrischen Formen aus.

★★ | 👤 | 👥

b) Tausche sie mit einem Partnerkind. Untersucht die Aussagen des anderen Kindes. Begründet jeweils, ob sie stimmen oder nicht.

Name: Datum:

2.8 Puzzles – Eigenschaften von Rechteck, Quadrat und Dreieck

★★ |

Schneide die Teile aller drei Puzzles aus. Wenn du die Puzzleteile mit den Eigenschaften der geometrischen Formen wieder richtig zusammenpuzzelst, erhältst du die jeweilige geometrische Form. So ergeben z. B. alle Rechteckeigenschaften zusammengepuzzelt ein Rechteck.

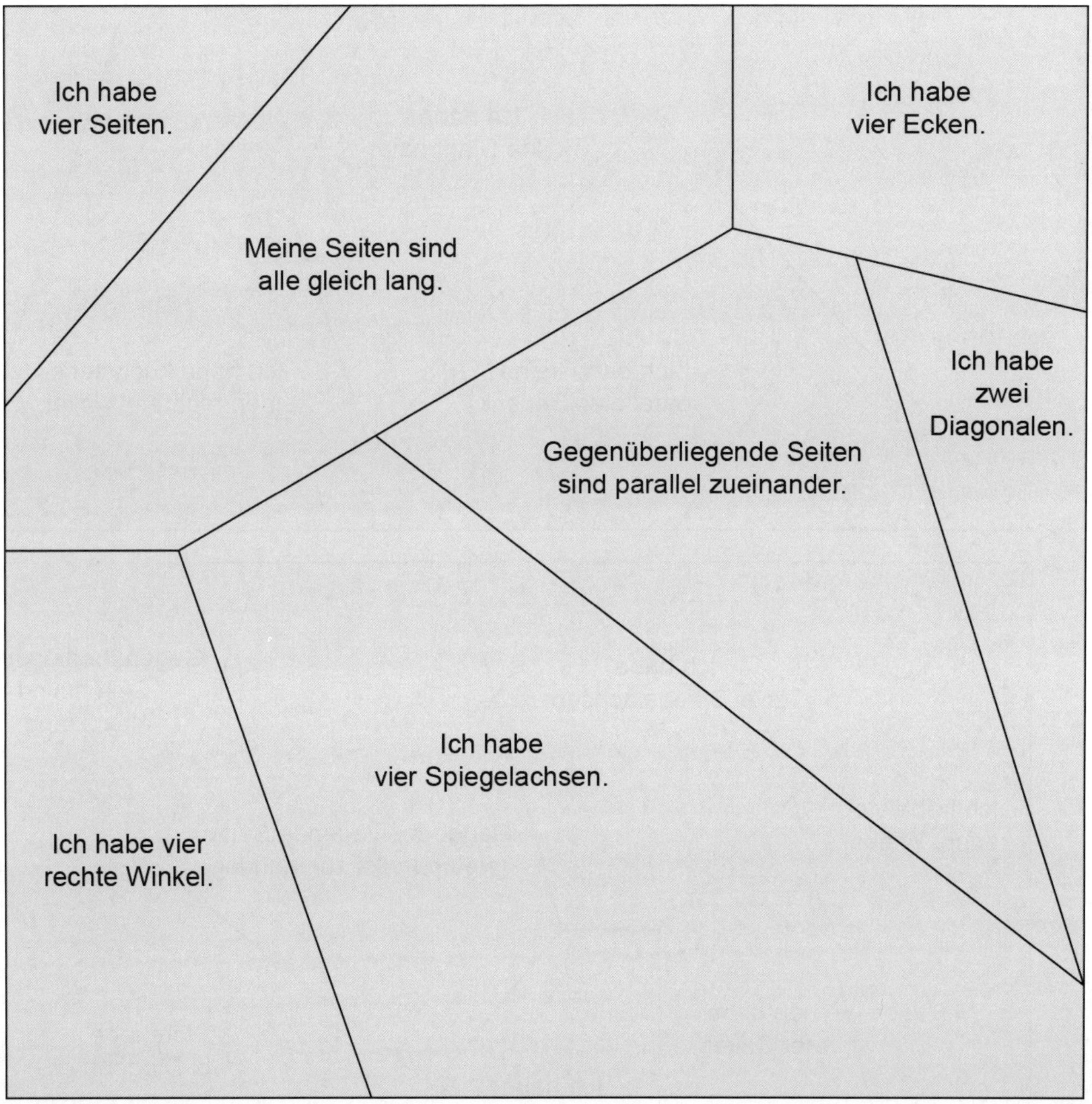

Name: Datum:

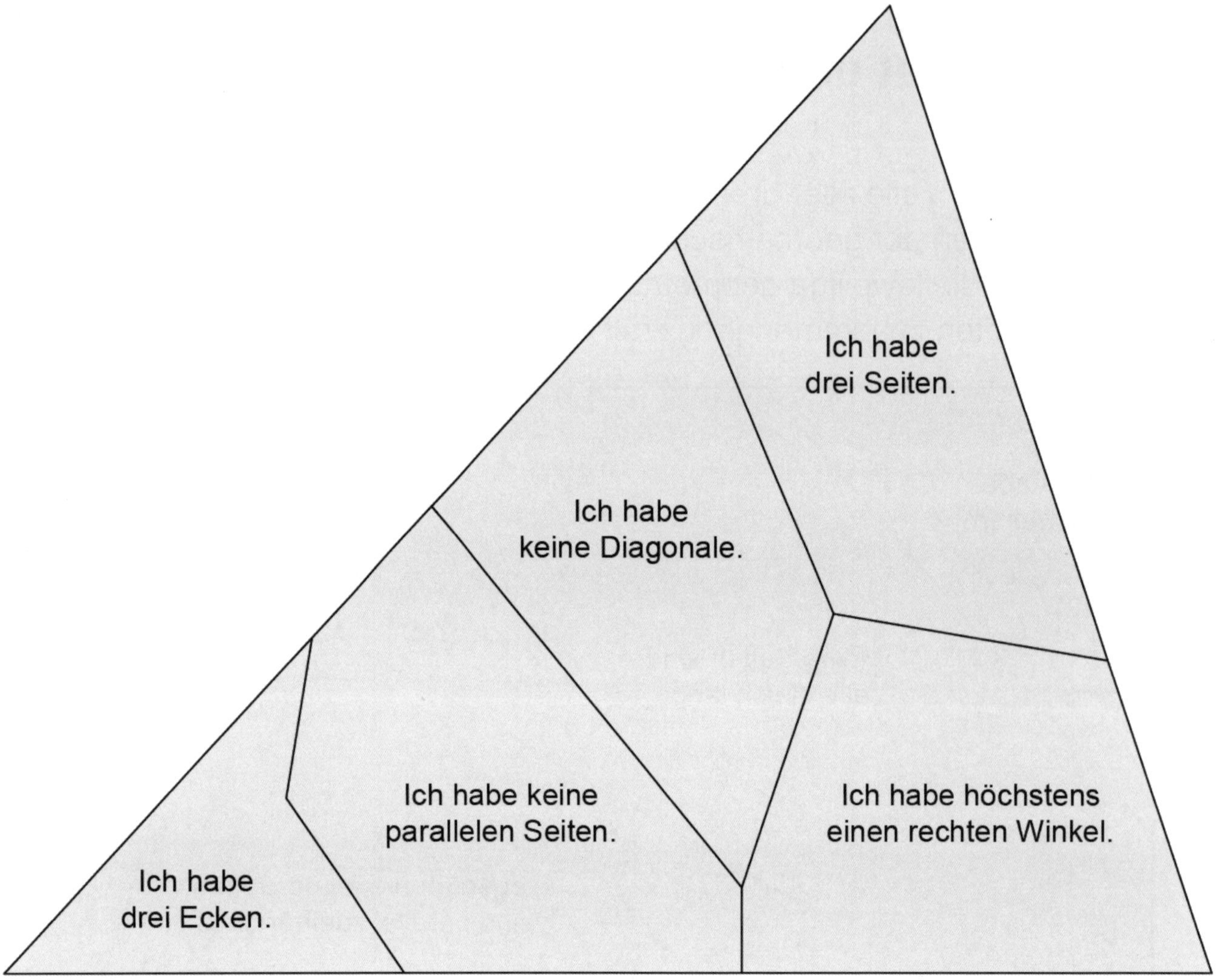
Ich habe
drei Seiten.
Ich habe
keine Diagonale.
Ich habe keine
parallelen Seiten.
Ich habe höchstens
einen rechten Winkel.
Ich habe
drei Ecken.

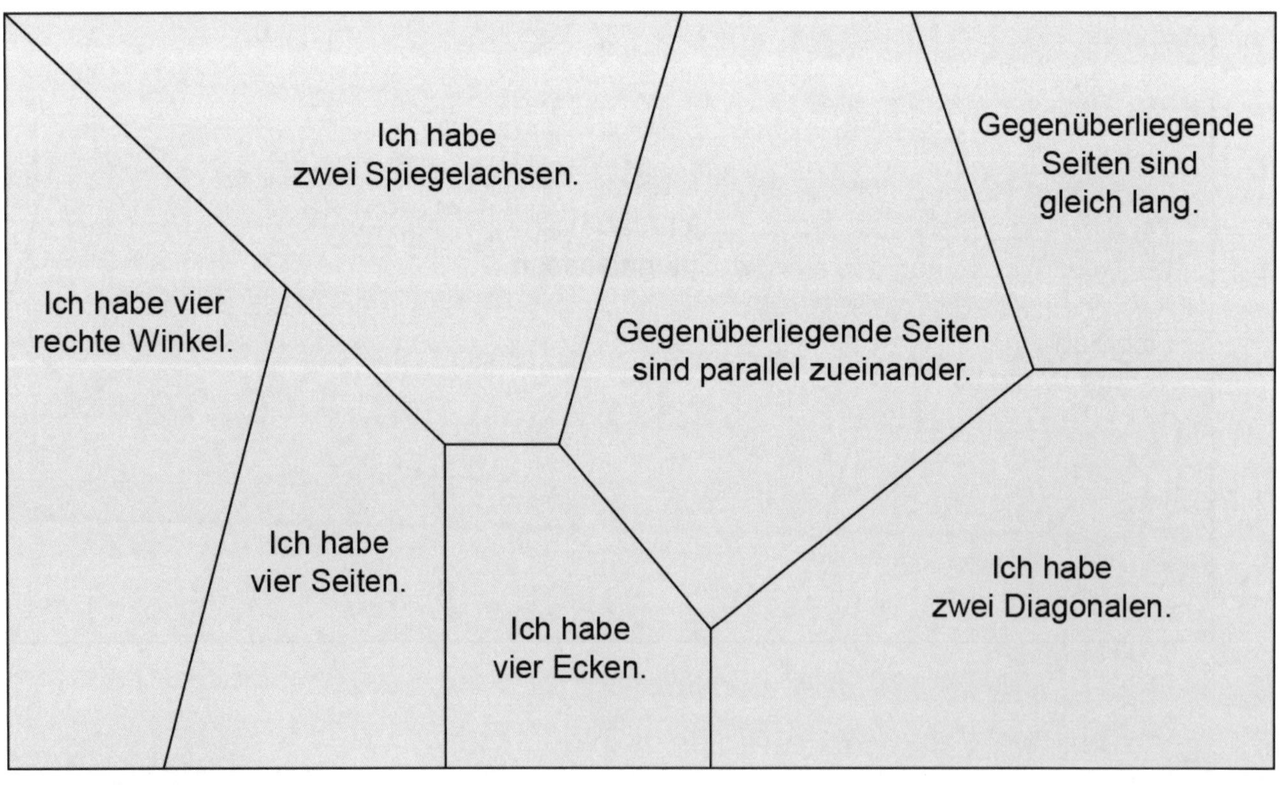
Ich habe
zwei Spiegelachsen.
Gegenüberliegende
Seiten sind
gleich lang.
Ich habe vier
rechte Winkel.
Gegenüberliegende Seiten
sind parallel zueinander.
Ich habe
vier Seiten.
Ich habe
zwei Diagonalen.
Ich habe
vier Ecken.

2.1 Geometrische Formen erkennen und benennen

1. a)/b)

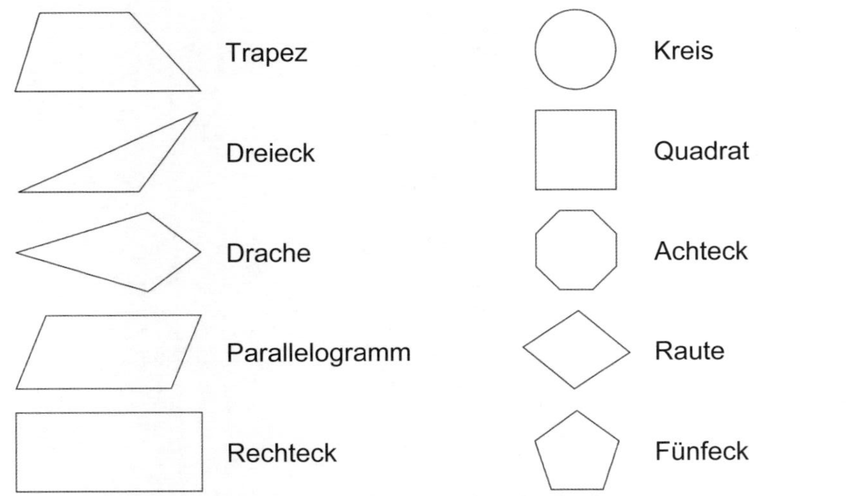

2. a)/b) Quadrate: 18 Kreise: 15 Rechtecke: 23 Trapeze: 9 Dreiecke: 16 Parallelogramme: 6

2.2 Geometrische Formen am Geobrett spannen

1. a) Beispiellösungen

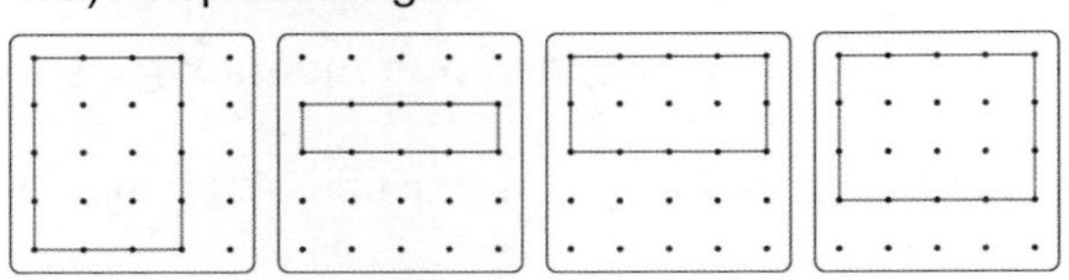

b)

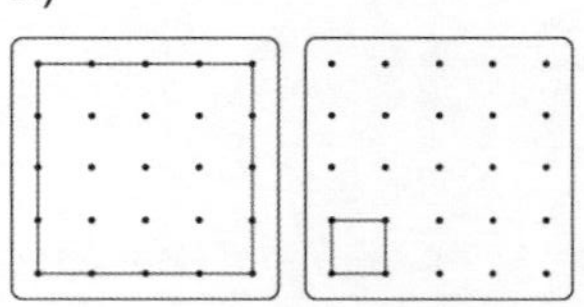

c)

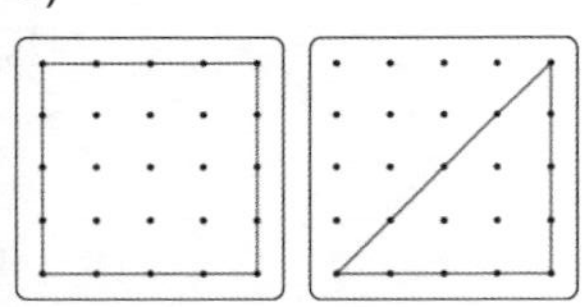

d) Beispiel: 1. Flächeninhalt ermitteln, indem EQ gezählt werden.
2. Quadrat auf Papier aufzeichnen, ausschneiden, 1-mal falten.
Dann auf das Dreieck legen.

e)

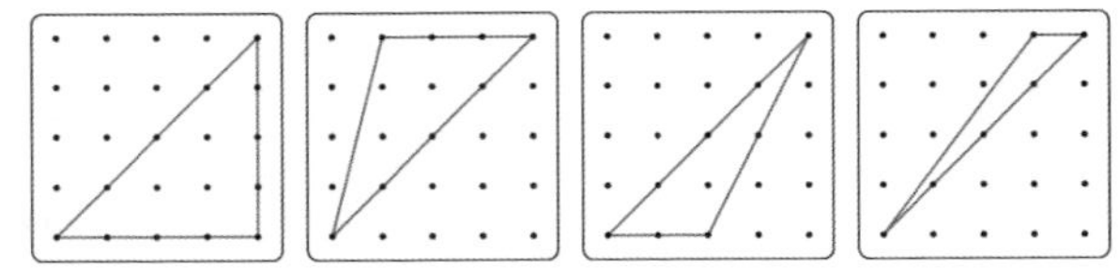

f) Beispiellösungen

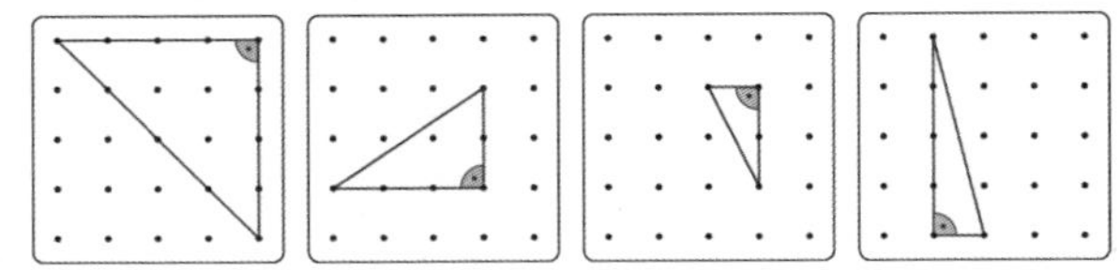

g)

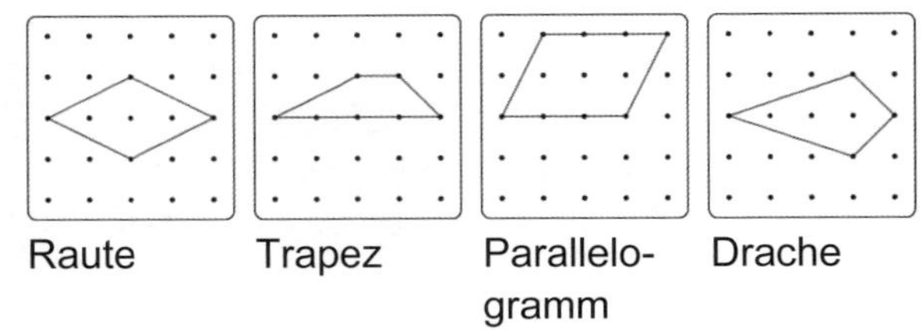

2.3 Geometrische Formen zerlegen und zusammensetzen

1. a)

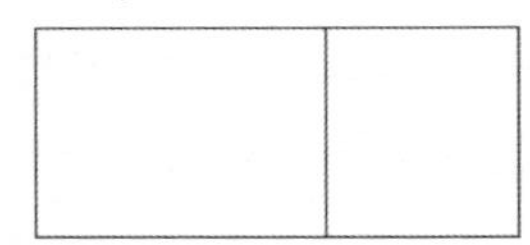

b)

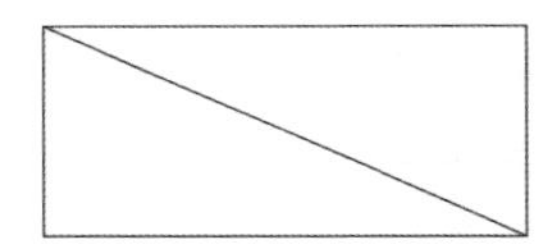

c)

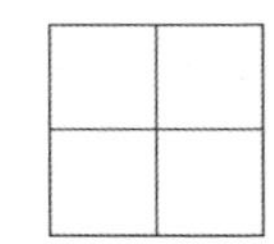

d)

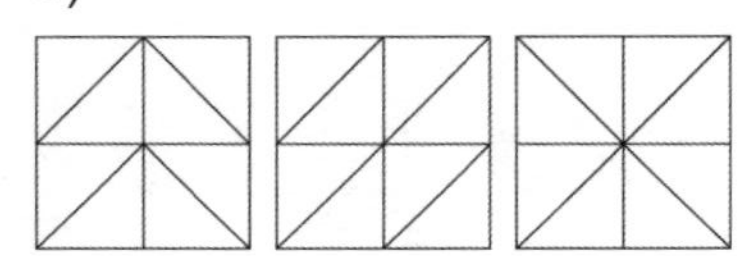

© 2015 Cornelsen Schulverlage GmbH, Berlin.
Alle Rechte vorbehalten.

Lerntheke 2 – Lösungen

2. a)

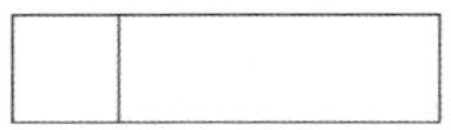

b)

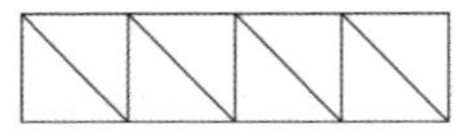

c)

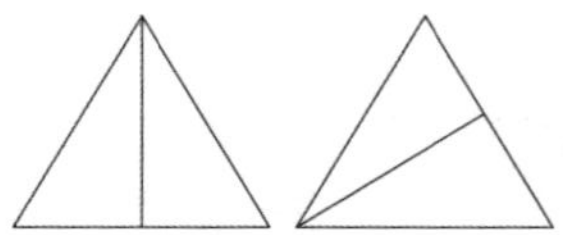

d)

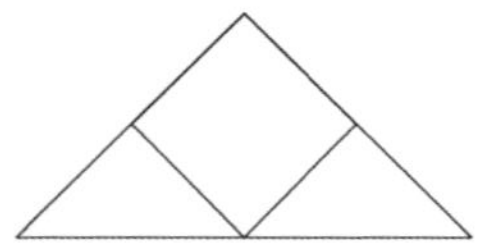

3. A und E, F und J, C und G, H und K, D und I, B und L

2.4 Senkrecht und parallel

1. a)

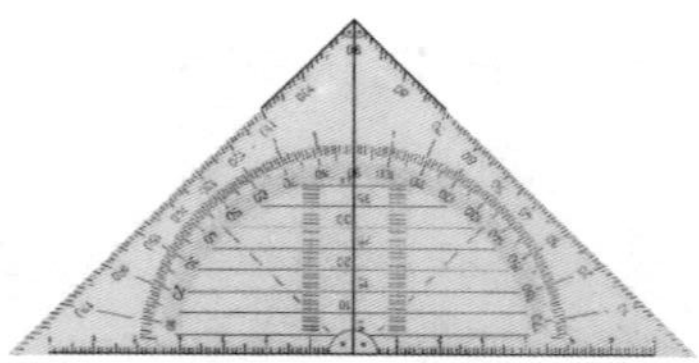

b)

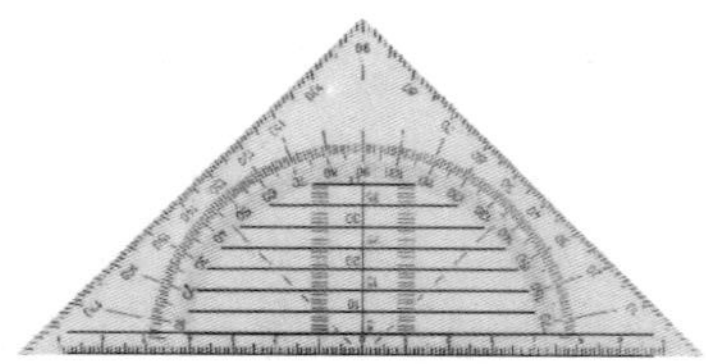

2. a)

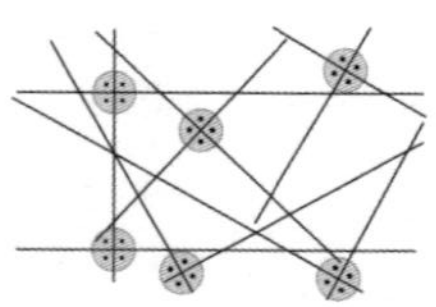

b)

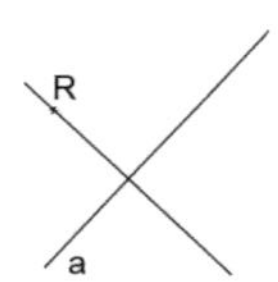

3. a)

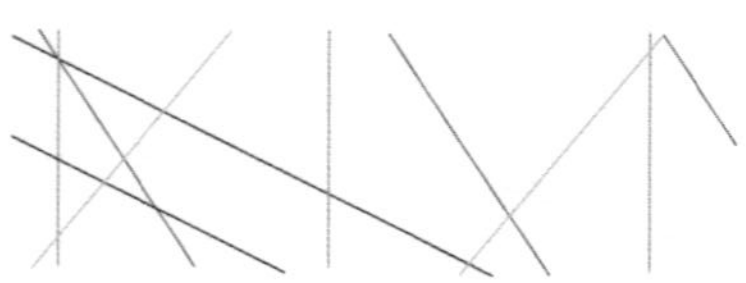

b)

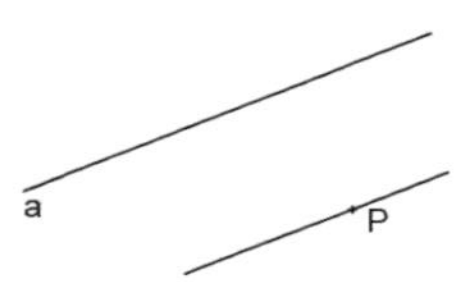

Lerntheke 2 – Lösungen

4.

S									P	P				S					
E		K	R	E	C	H	T	A	A	A				E					
N		N				P	R	R			R			N					
K	R	E	C	H	T	A	A					A		K					
		S			L	L		R					L	R	E	C	H	T	
				L	L	P	A	R	A	L	L	E	L	L				H	
			E	E						L					E			C	
		L	L	P	A	R	A	L	L	E	L					L		E	
												E		S	E	N	K	R	
													L						

2.5 Eigenschaften von Quadrat und Rechteck

1. b) **Quadrat:** 4 Ecken, 4 Seiten **Rechteck:** 4 Ecken, 4 Seiten

2. b)

Quadrat

Rechte Winkel:	nein ja ☒	Anzahl: 4
Zueinander parallele Seiten:	nein ja ☒	Anzahl: je 2
Länge der Seiten:	Alle Seiten sind gleich lang.	

Rechteck

Rechte Winkel:	nein ja ☒	Anzahl: 4
Zueinander parallele Seiten:	nein ja ☒	Anzahl: je 2
Länge der Seiten:	Die gegenüberliegenden Seiten sind jeweils gleich lang.	

2.6 Eigenschaften von weiteren Vierecken

1.

Name: Trapez

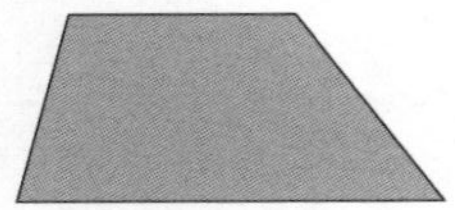

Anzahl Ecken: *4*
Anzahl Seiten: *4*
Länge der Seiten: *unterschiedlich*
Rechte Winkel: *0*
Parallelen: *1 Paar*
Achsensymmetrie: *0*

Name: Parallelogramm

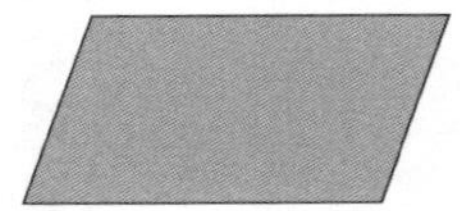

Anzahl Ecken: *4*
Anzahl Seiten: *4*
Länge der Seiten: *gegenüberliegende Seiten sind gleich lang*
Rechte Winkel: *0*
Parallelen: *2 Paare*
Achsensymmetrie: *0*

Name: Drache

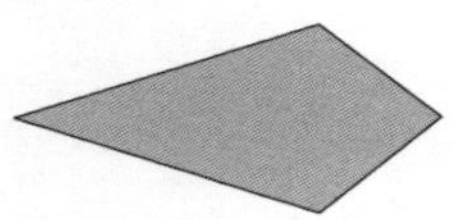

Anzahl Ecken: *4*
Anzahl Seiten: *4*
Länge der Seiten: *benachbarte Seiten sind gleich lang*
Rechte Winkel: *0*
Parallelen: *0*
Achsensymmetrie: *1 (achsensymmetrisch zu einer Diagonalen)*

Name: Raute

Anzahl Ecken: *4*
Anzahl Seiten: *4*
Länge der Seiten: *alle Seiten sind gleich lang*
Rechte Winkel: *0*
Parallelen: *2 Paare*
Achsensymmetrie: *2 (achsensymmetrisch zu beiden Diagonalen)*

2.7 Stimmen die Aussagen?

1.

Aussage	👍	👎	Begründung
Nur ein Quadrat hat vier gleich lange Seiten.		X	Raute auch
Alle Vierecke haben zwei Diagonalen.	X		
Ein Quadrat hat auch die Eigenschaften eines Rechtecks.	X		
Ein Drache besitzt zwei Spiegelachsen.		X	nur eine
Nur ein Rechteck hat vier rechte Winkel.		X	Quadrat
Ein Dreieck kann eine Diagonale haben.		X	Alle Eckpunkte sind bereits miteinander verbunden.
Ein Rechteck ist ein besonderes Parallelogramm.	X		

Lerntheke 3

Geometrische Körper

Diese Lerntheke befasst sich mit der Herstellung und Untersuchung verschiedener Kanten- und Flächenmodelle. Eigenschaften und Funktionalitätsüberprüfung helfen bei der Strukturierung der geometrischen Körper.

Übersicht

3.1 Geometrische Körper benennen/ 3.2 Spiel: Körper einkaufen	Die Schüler erkennen und benennen geometrische Körper in der Umwelt.	★ | 👤 ★ | 👤👤👤
3.3 Ecke, Kante, Fläche	Die Schüler ordnen geometrischen Körpern Fachbegriffe zu (Ecke, Kante und Fläche).	★ | 👤 und ★★ | 👤
3.4 Kantenmodelle/ 3.5 Flächenmodelle – Körpernetze	Die Schüler bauen geometrische Körper nach Vorlage und stellen Modelle (z. B. Kantenmodelle, Flächenmodelle) her.	★ | 👤, ★★ | 👤 und ★★ | 👤👤
3.4 Kantenmodelle/ 3.5 Flächenmodelle – Körpernetze	Die Schüler beschreiben Gemeinsamkeiten und Unterschiede von Würfeln und anderen Körpern anhand der Modelle.	★ | 👤, ★★ | 👤 und ★★ | 👤👤
3.4 Kantenmodelle	Die Schüler führen handelnd Wege am Kantenmodell aus.	★★ | 👤, ★★ | 👤👤
3.5 Flächenmodelle – Körpernetze	Die Schüler stellen durch Kippbewegungen Würfelnetze her. Sie analysieren die Würfelnetze.	★ | 👤, ★★ | 👤
3.6 Verschiedene Würfelnetze entdecken	Die Schüler erkennen in der Vorstellung durch gedankliches Falten von Netzen richtige und falsche Würfelnetze oder ergänzen Netze (fehlende Flächen, gegenüberliegende Flächen oder Augenzahlen).	★ | 👤, ★ | 👤 👤👤👤, ★★ | 👤 und ★★★ | 👤
3.7 Mein Körperbuch	Die Schüler ordnen geometrischen Körpern Eigenschaften zu.	★ | 👤
3.8 Eigenschaften von Körpern	Die Schüler prüfen geometrische Körper auf Funktionalität und erkennen deren Anwendung und Nutzen im Alltag.	★★ | 👤
3.9 Körper-Wissens-quiz	Die Schüler wenden ihr Wissen über geometrische Körper an und begründen ihre Vermutungen.	★★ | 👤

Name: Datum:

3.1 Geometrische Körper benennen

1. Schreibe zu den Gegenständen, welche geometrischen Körper sie darstellen.

Würfel	Quader	Zylinder
Kegel	Kugel	Pyramide

____

____

____

____

____

____

2. Suche aus Prospekten/Katalogen Bilder von Gegenständen und klebe zu jeder Körperform ein weiteres Beispiel auf.

Name: Datum:

3.2 Spiel: Körper einkaufen

Spielt das Spiel mit zwei oder drei Kindern. Zunächst stellt ihr den Körperwürfel aus der Vorlage unten her. Außerdem braucht ihr noch einen Spielwürfel und für jedes Kind eine Einkaufsliste sowie eine Spielfigur. Stellt eure Spielfiguren auf das Start-Feld des Spielfeldes. Mit dem Körperwürfel bestimmt ihr den Körper, den ihr einkaufen sollt. Mit dem Spielwürfel erwürfelst du die Anzahl der Schritte, die du gehen darfst. Du darfst entweder vor oder zurück mit deiner Spielfigur. Wenn du einen Körper „eingekauft" hast, sprich auf dem betreffenden Feld gelandet bist, hakst du ihn auf der Einkaufsliste ab und würfelst erneut mit dem Körperwürfel. Ist es ein Körper, den du bereits eingekauft hast, musst du eine Runde aussetzen. Wer zuerst alle Körper eingekauft hat, ist Sieger.

Einkaufsliste
1 x Würfel
1 x Quader
1 x Zylinder
1 x Kugel
1 x Kegel
1 x Pyramide

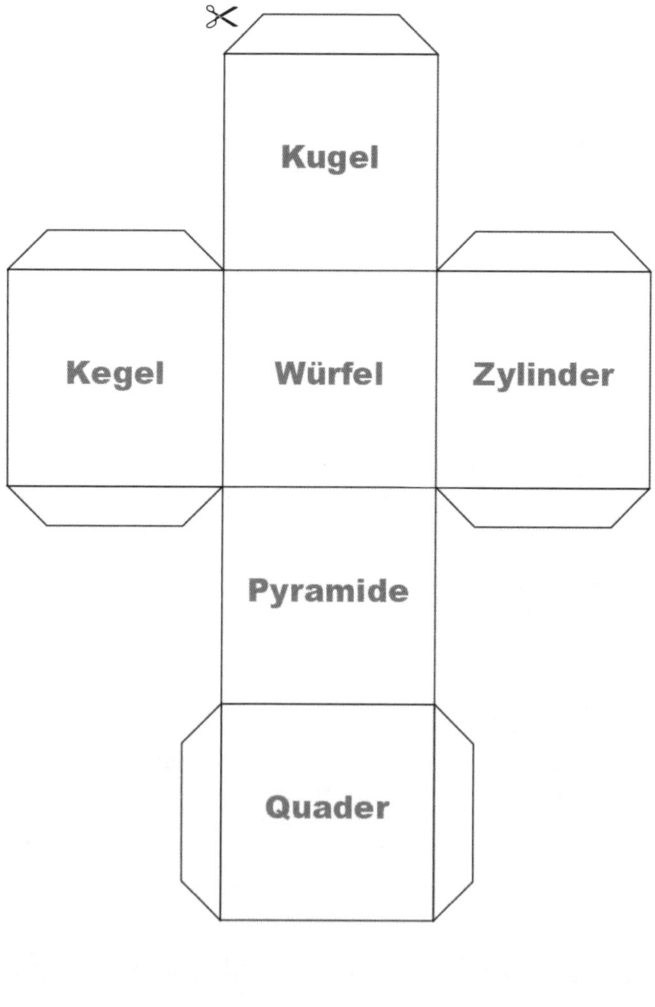

Name: Datum:

Spielfeld: Körper einkaufen

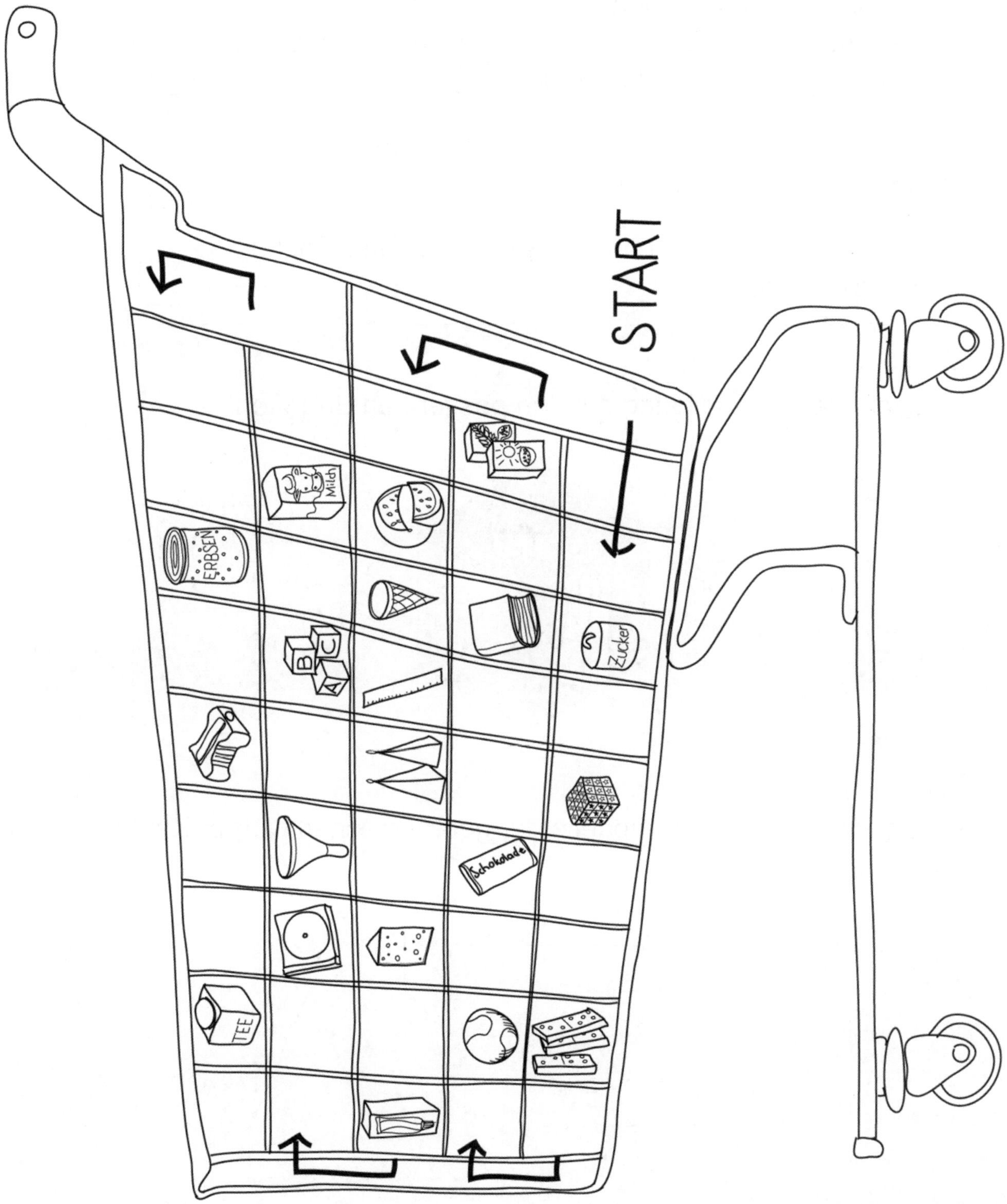

Name: Datum:

3.3 Ecke, Kante, Fläche

Eine **Ecke** entsteht, wenn mehrere Kanten zusammentreffen. Ecken kannst du mit dem Finger antippen. (Ein Zylinder hat eine Spitze.)

Kanten entstehen, wenn zwei **Flächen** aufeinandertreffen. Auf Kanten kannst du mit dem Finger entlangfahren.

Auf **Flächen** kannst du mit der gesamten Handfläche entlangstreichen.

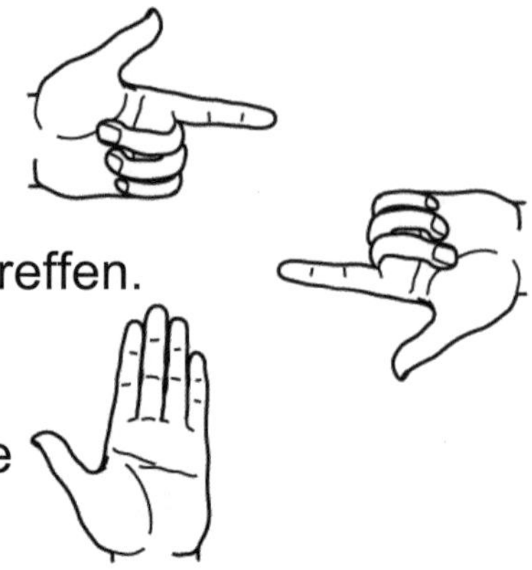

1. Beschrifte die Abbildung mit den passenden Begriffen.

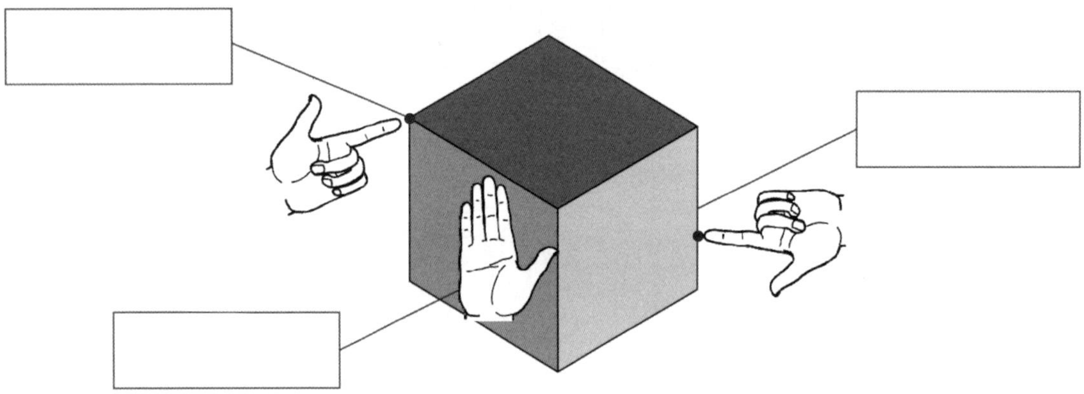

2. Zeichne in die Kantenmodelle der geometrischen Körper Kanten blau und Ecken/Spitzen rot ein.

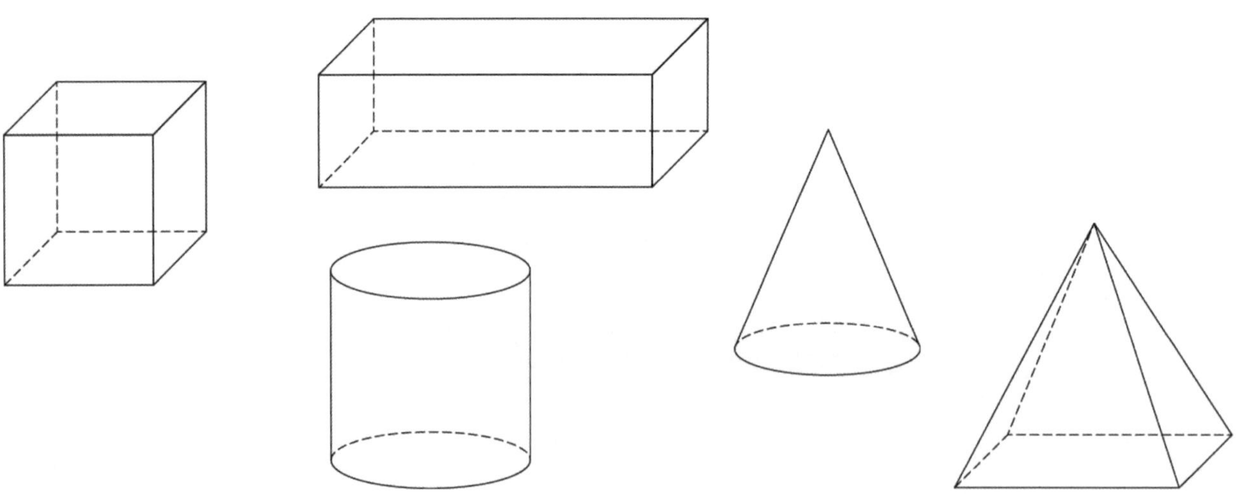

Name: Datum:

3.4 Kantenmodelle

★★ |

1. a) Die 12 Rechtecke auf blauen Tonkarton kopieren, ausschneiden und in der Mitte längs falten. Die Rechtecke entsprechen den Kanten des Würfels.

b) Die 8 Quadrate auf roten Tonkarton kopieren, ausschneiden und zweimal diagonal falten. An einer Faltlinie vom Eckpunkt bis zum Mittelpunkt einschneiden.
Eine eingeschnittene Seite unter die andere schieben (siehe Abbildung) und miteinander festkleben. Die Quadrate entsprechen den Ecken des Würfels.

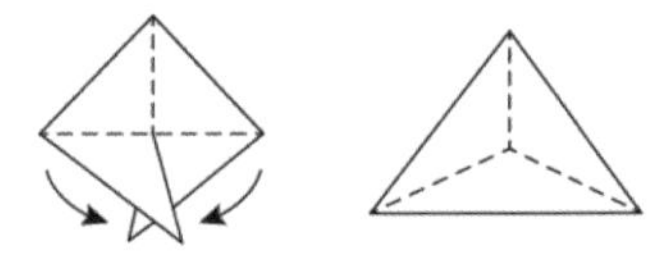

c) Nun kannst du die Kanten und Ecken zusammenkleben.
Tipp: Beginne, indem du eine quadratische Grundplatte aus 4 Ecken und Kanten baust.

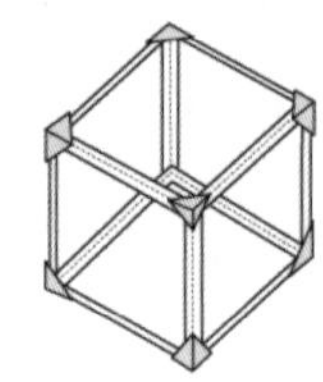

2. a) Betrachte die folgenden Kantenmodelle. Schreibe den Namen des Körpers zum Bild. Skizziere zu jedem Kantenmodell die Anzahl der Kanten mit einer Linie (I) und Ecken/Spitzen mit einem Punkt (•), die du benötigst und notiere die Anzahl. Achte dabei auch auf die Länge der Linien.

Name des Körpers	Skizze	Anzahl
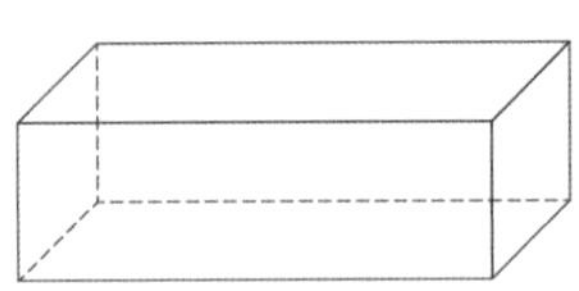 ______		
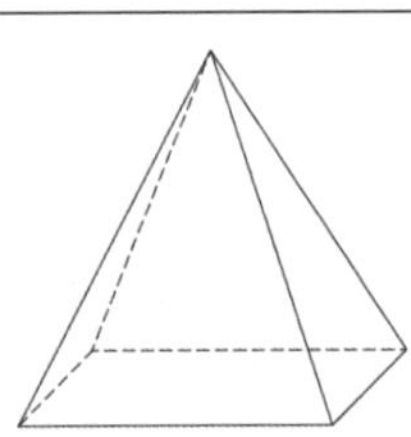 ______		

Name: Datum:

★★ |

b) Worin besteht der Unterschied zwischen dem Kantenmodell eines Quaders und eines Würfels?

★★ |

3. Was fehlt? Schreibe die Namen der Körper dazu und ergänze zu Kantenmodellen.

Name: Name:

★★ |

4. Kantenspiel: **„Katz und Maus“**

Ihr braucht 2 Spielfiguren (Katze und Maus) und eine quaderförmige Schachtel. Ein Kind ist die Katze; das andere ist die Maus. Begonnen wird wie auf dem Bild.

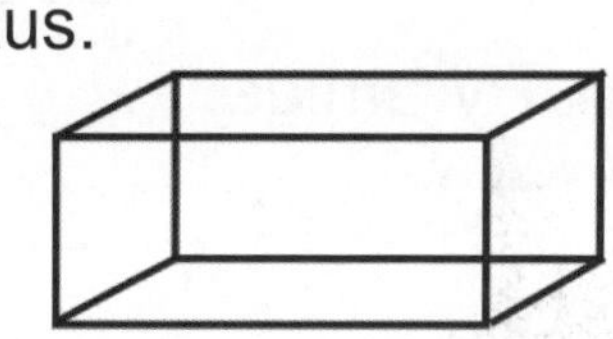

Katze und Maus laufen nur auf den Kanten entlang. Abwechselnd darf jeder über eine Kante zu einer Ecke weitergehen. Nach 10 Zügen ist das Spiel spätestens zu Ende. Wenn die Katze die Maus nicht „gefangen“ hat, ist die Maus Sieger.

Lerntheke 3

Name: Datum:

3.5 Flächenmodelle – Körpernetze

1. a) Zerschneide Verpackungen so, dass du den Körper als eine Fläche am Stück ausbreiten kannst.

b) Beklebe jede Seitenfläche einer Verpackung genau (nicht überlappend, nichts fehlend) mit Geschenkpapier.

c) Schneide die Netze der geometrischen Körper auf der folgenden Seite aus und baue sie zusammen. Verwende Klebstreifen zum Verkleben.

d) Welche Körper entstehen? Schreibe jeweils den passenden Namen auf das jeweilige Netz.

2. Notiere, aus welchen geometrischen Formen jedes Netz besteht und dazu auch die jeweilige Anzahl.

Würfel: ______________________

Quader: ______________________

Pyramide: ______________________

Zylinder: ______________________

Kegel: ______________________

3. In welchem Körper oder welchen Körpern findest du die folgenden geometrischen Formen?

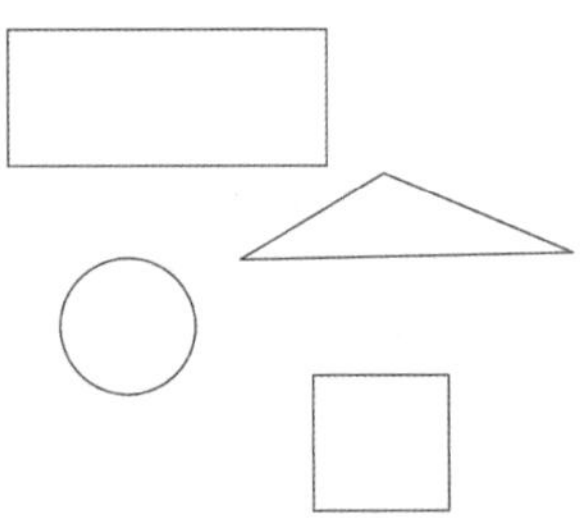

____

____

____

____

4. Gibt es ein Netz von einer Kugel?

____

____

Name: Datum:

Bastelbogen Körpernetze

✂

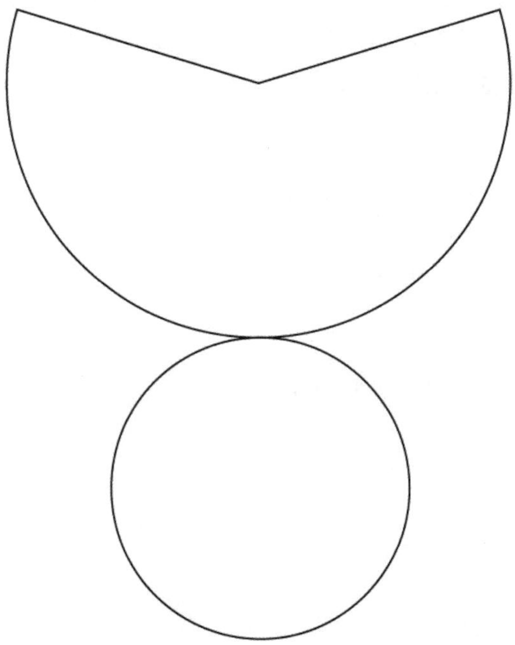

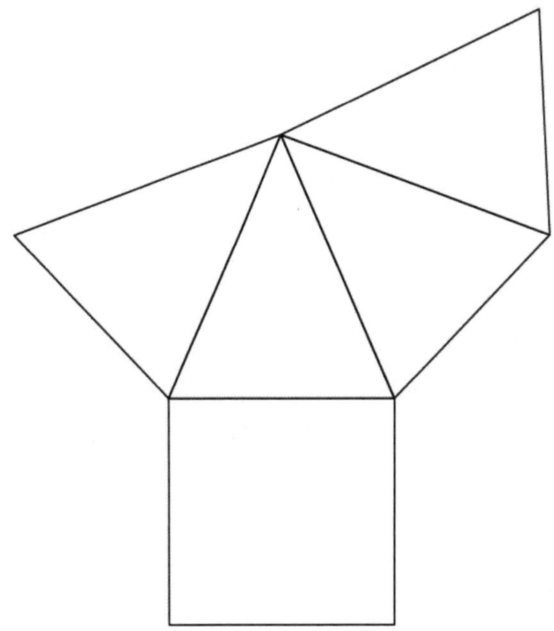

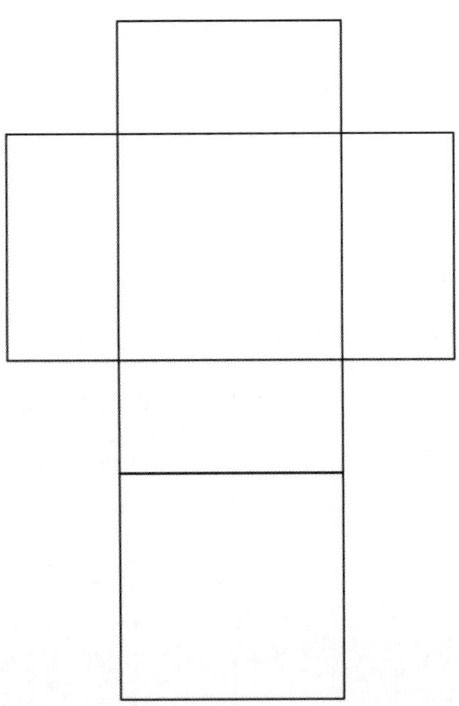

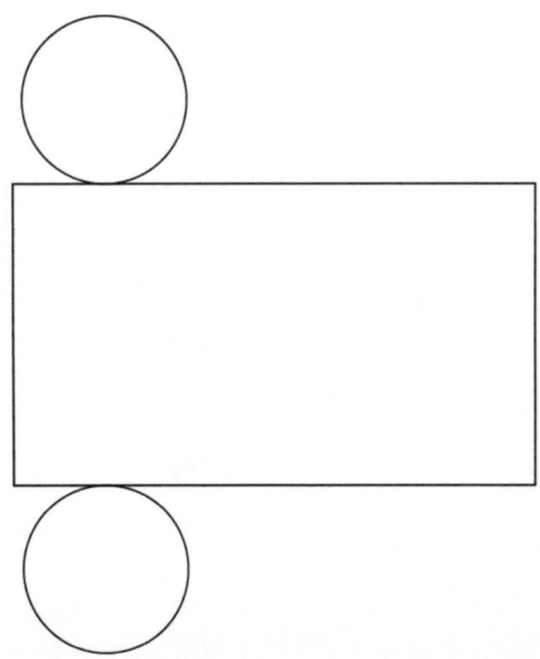

Name: Datum:

3.6 Verschiedene Würfelnetze entdecken

★ | 👤

1. a) Du benötigst einen Würfel. Zeichne fünf verschiedene Würfelnetze auf, indem du deinen Würfel auf dem Blatt abrollst und jede Fläche umzeichnest. **Tipp:** Es gibt 11 verschiedene Würfelnetze.

★ | 👤 👥

b) Zeichne die Würfelnetze in dein Heft. Vergleicht in der Klasse miteinander. Ergänzt fehlende Abbildungen.

★★ | 👤

2. Aus welchen Netzen kann man keinen Würfel falten?
Streiche falsche Netze durch.

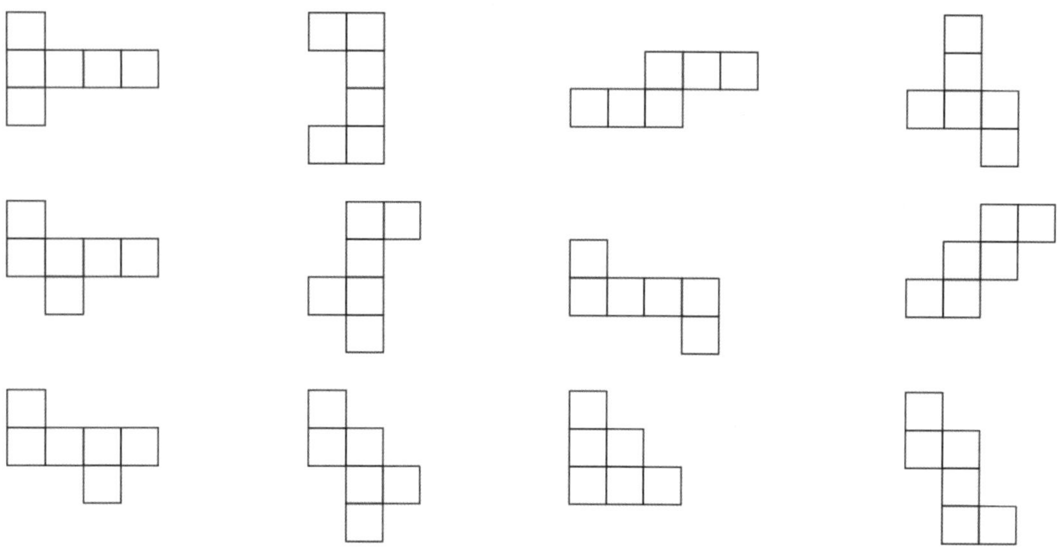

★★★ | 👤

3. Ergänze zu einem Würfelnetz.
Benutze ein Lineal und einen gespitzten Bleistift.

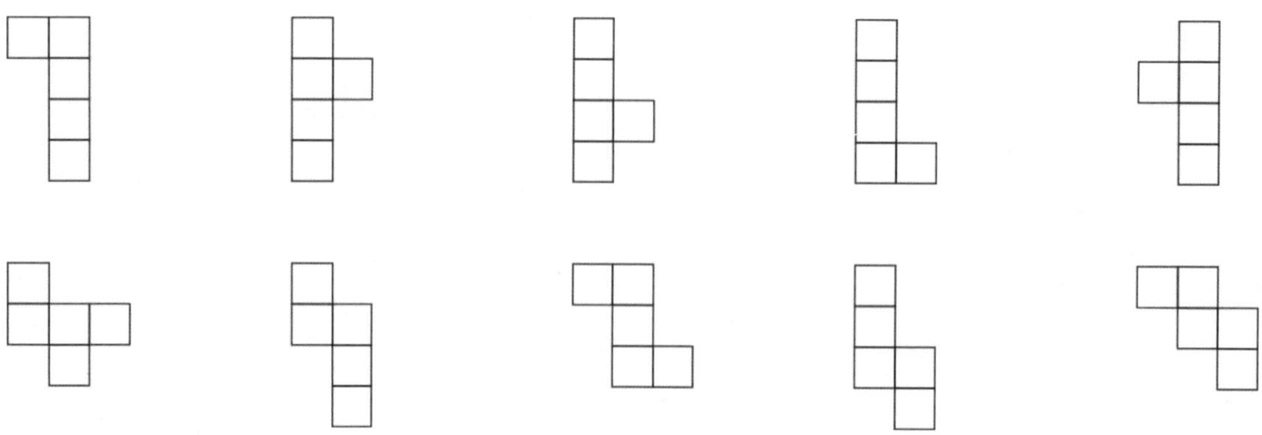

Name: Datum:

★★ |

4. Welches Feld liegt nach dem Falten dem markierten Feld gegenüber? Male es an.

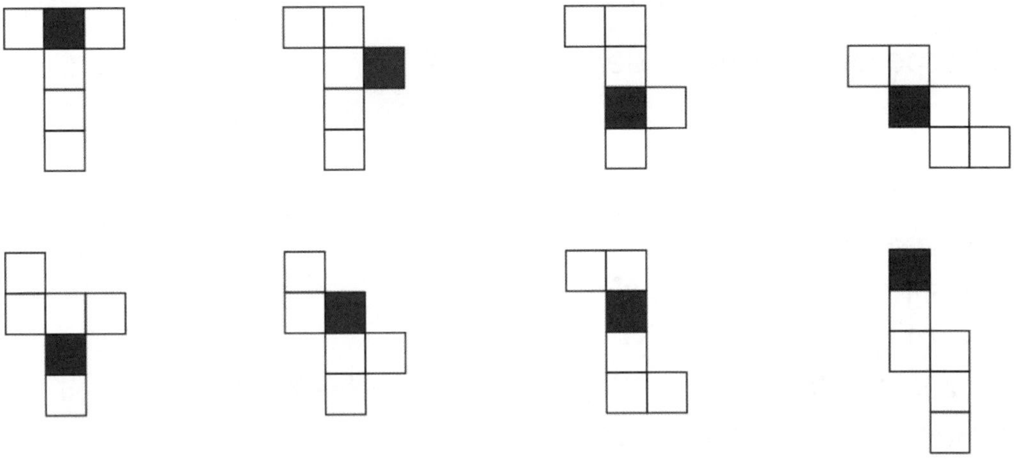

★★ |

5. Ergänze die Augenzahlen auf den Spielwürfeln.
Tipp: Die Augenzahlen auf gegenüberliegenden Flächen ergeben addiert immer 7.

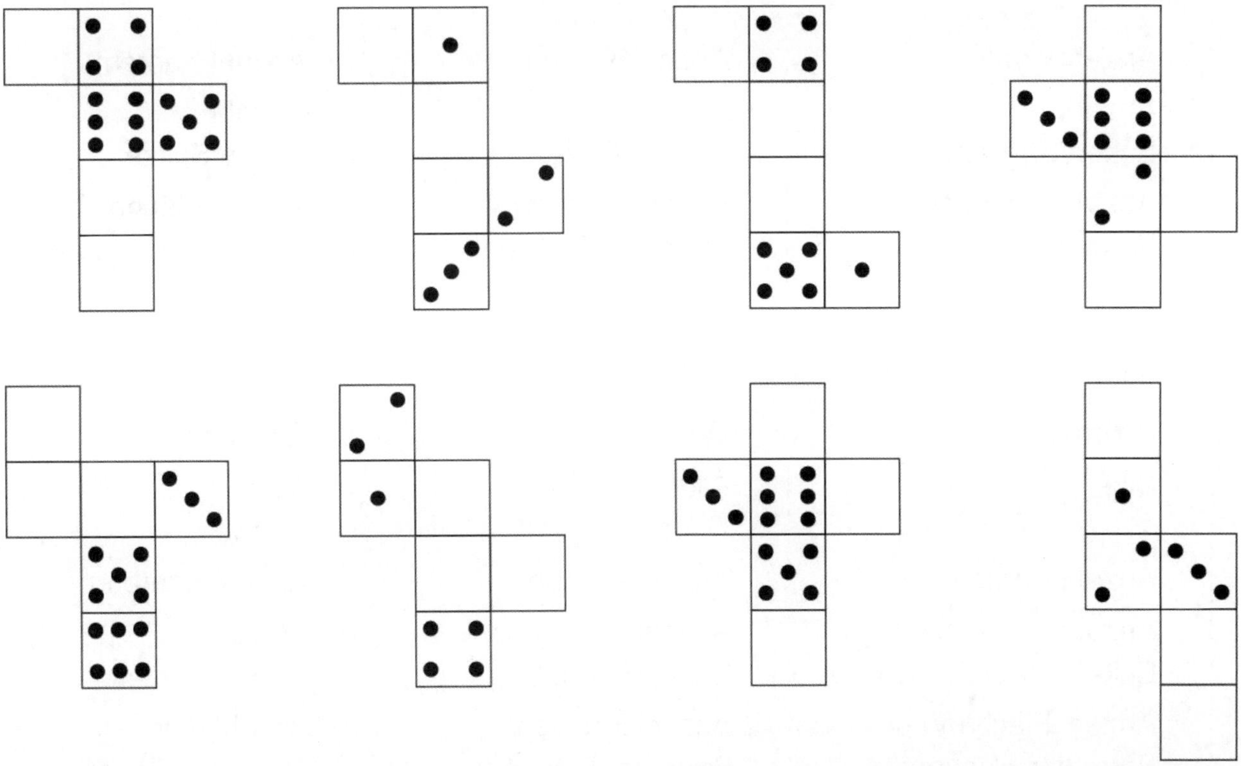

Lerntheke 3

Name: Datum:

3.7 Mein Körperbuch

1. a) Ergänze die fehlenden Angaben.

b) Bastle dein Körperbuch anhand der Anleitung.

Anleitung:

Zeichne den Körper selbst dazu.
Schneide die einzelnen Seiten aus und lege sie auf einen Stapel.
Das Deckblatt liegt ganz oben.
Tackere die einzelnen Seiten auf der linken Seite zusammen.
Fertig ist dein Buch!

Mein Körperbuch

Name:

______

______

Kegel

Bild:

Anzahl Kanten: ______

Anzahl Ecken/Spitzen: ______

Anzahl Flächen/ Form der Flächen: ______

______

rollt: ja ______ nein ______

Kugel

Bild:

Anzahl Kanten: ______

Anzahl Ecken/Spitzen: ______

Anzahl Flächen/ Form der Flächen: ______

______

rollt: ja ______ nein ______

Pyramide

Bild:

Anzahl Kanten: ______

Anzahl Ecken/Spitzen: ______

Anzahl Flächen/ Form der Flächen: ______

______

rollt: ja ______ nein ______

Zylinder

Bild:

Anzahl Kanten: ______

Anzahl Ecken/Spitzen: ______

Anzahl Flächen/ Form der Flächen: ______

______

rollt: ja ______ nein ______

Würfel

Bild:

Anzahl Kanten: ______

Anzahl Ecken/Spitzen: ______

Anzahl Flächen/ Form der Flächen: ______

______

rollt: ja ______ nein ______

Quader

Bild:

Anzahl Kanten: ______

Anzahl Ecken/Spitzen: ______

Anzahl Flächen/ Form der Flächen: ______

______

rollt: ja ______ nein ______

Name: Datum:

3.8 Eigenschaften von Körpern

Eine Würfelwelt oder warum gibt es unterschiedliche Körperformen?

★★ | 👤

1. a) Warum ist dein Stift nicht würfelförmig?

____

____

b) Warum schiebt der Mistkäfer keine Pyramide?

____

____

★★ | 👤

2. Du möchtest so viele Lebensmittel wie möglich in den Lebensmittelschrank stellen. Welche Verpackungsform wählst du? Begründe deine Antwort.

____

____

★★ | 👤

3. a) An einer Wurfbude darfst du selbst die Körperform der abzuschießenden Gegenstände wählen. Welche Form wählst du? Begründe deine Wahl.

____

____

b) Du darfst auch die Form für deinen Gegner wählen.
Welche Form wählst du? Begründe deine Wahl.

____

____

★★ | 👤

4. Ist ein Würfelzucker wirklich ein Würfel? Begründe.

____

____

____

Name: Datum:

3.9 Körper-Wissensquiz

★★ |

1. Was fehlt? Ergänze die Körpernetze. Welcher Körper ist es?

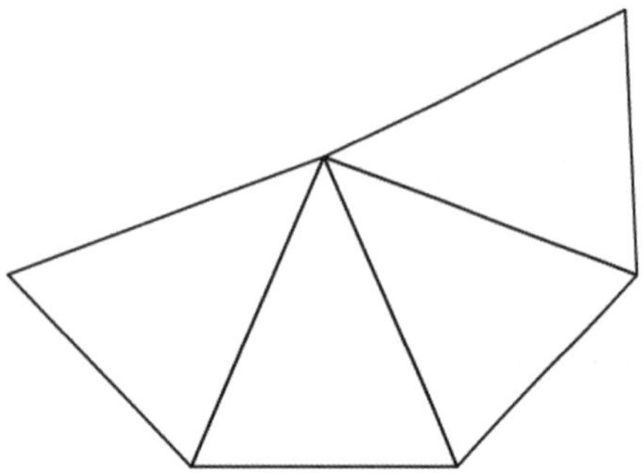

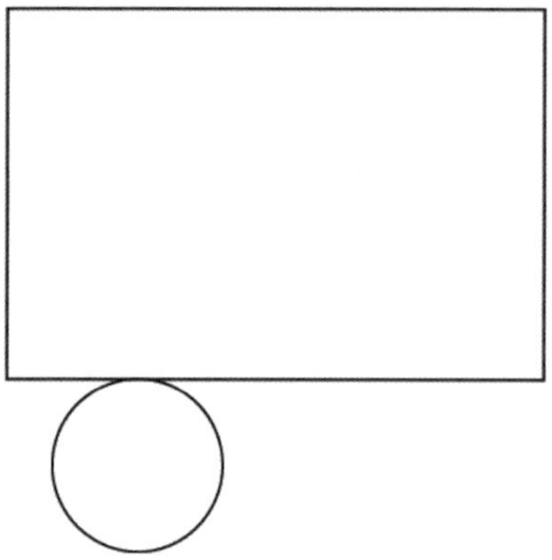

________________ ________________

★★ |

2. Welcher Körper ist es?

Er ist spitz und hat eine Kreisfläche. ________________

Er sieht aus wie eine Konservendose. ________________

Er hat sechs gleich große Quadrate. ________________

Er hat keine Ecken und Kanten. ________________

Er hat eine Spitze und die Grundfläche ist ein Quadrat. ________________

Er hat zwei Flächen. ________________

★★ |

3. Male gleiche Körperformen mit der gleichen Farbe an.

Kugel	Tasse	Ball	Kalender	Schultüte	Schuh-schachtel
Zylinder	Perle	Trinkglas	Kegel	Quader	Trichter
Bowling-kugel	Mess-becher	Murmel	Schwamm	Eistüte	Schrank

Name: Datum:

4. Was gehört zusammen? Verbinde in der Reihenfolge: Körpername – Flächenanzahl – Ecken und Spitzenanzahl – Kantenanzahl – Körpername. Verwende ein Lineal und für jeden Körper eine andere Farbe.

5 Flächen

Quader

6 Flächen

3 Flächen

1 Spitze

1 Kante

Pyramide

Zylinder

0 Ecken

5 Ecken/Spitzen

2 Flächen

Kegel

2 Kanten

12 Kanten

8 Ecken

8 Kanten

5. Stimmen diese Aussagen? Kreuze richtig 👍 oder falsch 👎 an. Begründe bei einer falschen Aussage kurz.

Aussage	👍	👎	**Begründung**
Nur eine Kugel hat keine Ecken.			
Ein Würfel ist ein besonderer Quader.			
Nur ein Kegel hat eine Kante.			
Beim Quader sind alle Kanten unterschiedlich lang.			
Ein Würfel hat 6 verschiedene Quadrate als Flächen.			

3.1 Geometrische Körper benennen

1. Kegel, Kugel, Würfel, Quader, Pyramide, Zylinder

3.3 Ecke, Kante, Fläche

1.

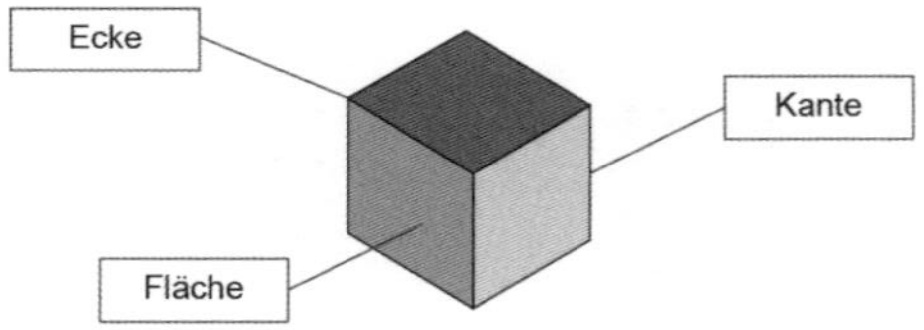

2.

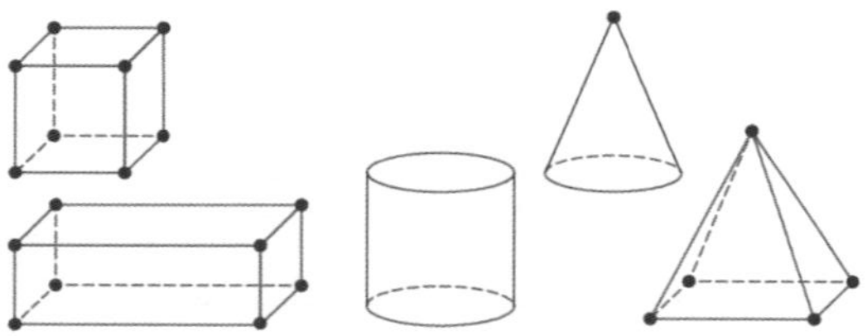

3.4 Kantenmodelle

2. a)

Name des Körpers	Skizze	Anzahl
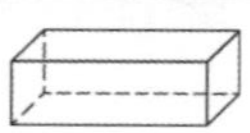 Quader	individuelle Lösung	12 Kanten 8 Ecken
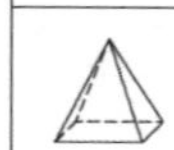 Pyramide	individuelle Lösung	8 Kanten 5 Ecken/Spitzen

b) Beim Würfel sind alle Kanten gleich lang, beim Quader nicht.

3. Was fehlt? Schreibe die Namen der Körper dazu und ergänze zu Kantenmodellen.

Name: Quader

Name: Pyramide

3.5 Flächenmodelle – Körpernetze

1. d) Kegel, Pyramide Quader, Zylinder

2.

Würfel: 6 Quadrate
Quader: 6 Rechtecke, es können auch Quadrate darunter sein
Pyramide: 1 Quadrat, 4 Dreiecke
Zylinder: 1 Rechteck, 2 Kreise
Kegel: 1 Kreis

3.

Rechteck: Quader, Zylinder Dreieck: Pyramide
Kreis: Zylinder, Kegel Quadrat: Würfel, manchmal Quader, Pyramide

4.

3.6 Verschiedene Würfelnetze entdecken

1. b)

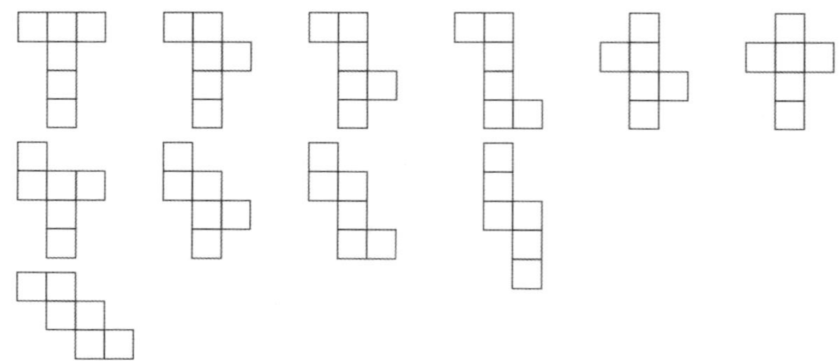

2.

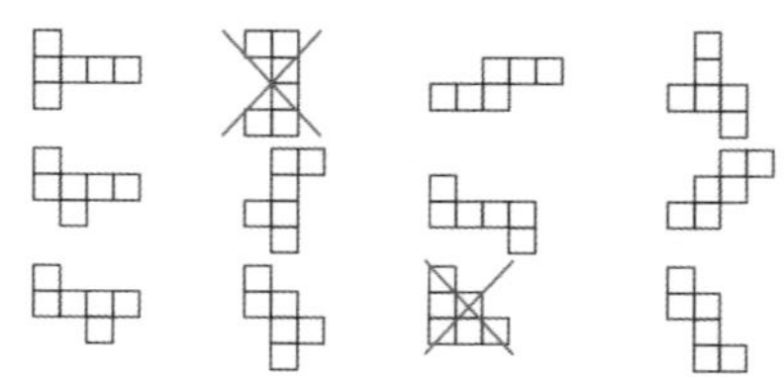

3.

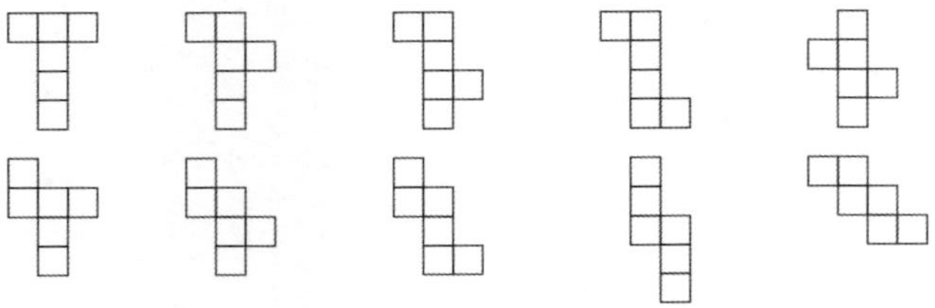

4.

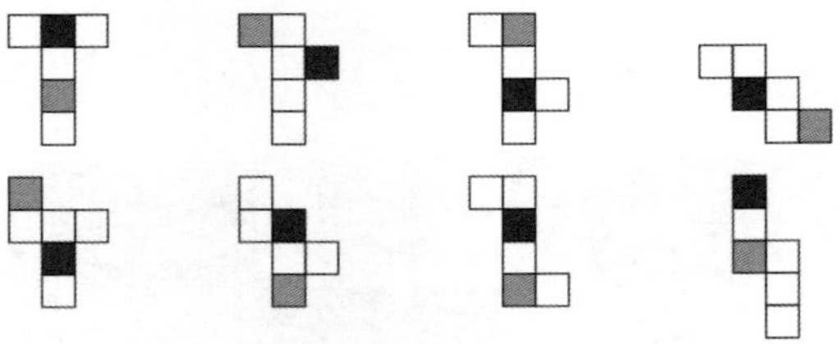

5.

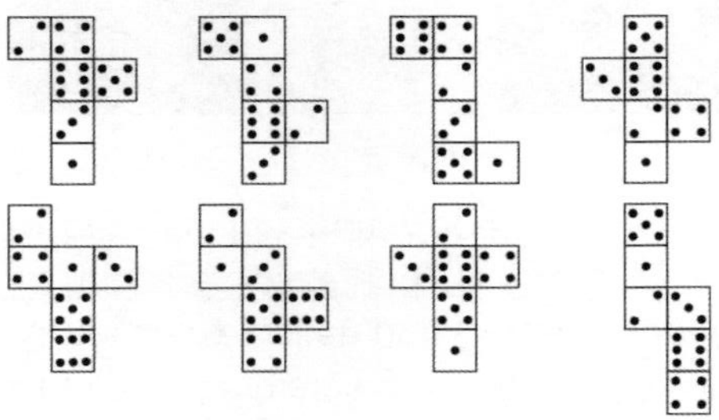

3.7 Mein Körperbuch

1. a)

Kegel Bild: 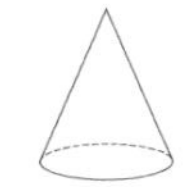 Anzahl Kanten: *1* Anzahl Ecken/Spitzen: *1* Anzahl Flächen/ Form der Flächen: *1 Kreis,* *1 Kreisausschnitt* rollt: ja × nein	**Kugel** Bild: 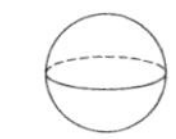 Anzahl Kanten: *0* Anzahl Ecken/Spitzen: *0* Anzahl Flächen/ Form der Flächen: *1 Fläche* rollt: ja × nein	**Pyramide** Bild: 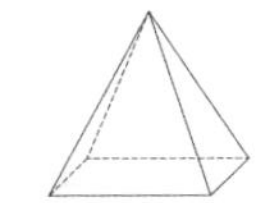 Anzahl Kanten: *8* Anzahl Ecken/Spitzen: *5* Anzahl Flächen/ Form der Flächen: *1 Quadrat, 4 Dreiecke* rollt: ja nein ×
Zylinder Bild: 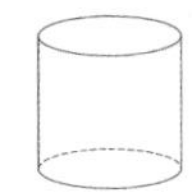 Anzahl Kanten: *2* Anzahl Ecken/Spitzen: *0* Anzahl Flächen/ Form der Flächen: *2 Kreise, 1 Rechteck* rollt: ja × nein	**Würfel** Bild: 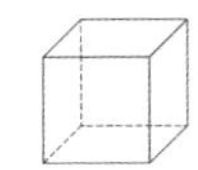 Anzahl Kanten: *12* Anzahl Ecken/Spitzen: *8* Anzahl Flächen/ Form der Flächen: *6 Quadrate* rollt: ja nein ×	**Quader** Bild: 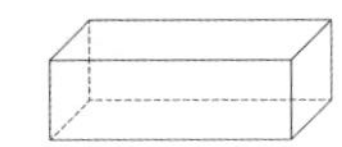 Anzahl Kanten: *12* Anzahl Ecken/Spitzen: *8* Anzahl Flächen/ Form der Flächen: *6 Rechtecke* rollt: ja nein ×

3.8 Eigenschaften von Körpern

Eine Würfelwelt oder warum gibt es unterschiedliche Körperformen?

1. a) *Er würde nicht so gut zu umfassen sein.*

b) *Eine Kugel ist viel leichter (ohne so großen Kraftaufwand) zu bewegen.*

2. Quader oder Würfel sind am besten stapelbar aufgrund der rechten Winkel. Dadurch spart man Platz bzw. entstehen keine Lücken.

3. a) *Ich wähle die Kugel, denn sie rollt am besten weg.*

b) *Ich wähle Würfel oder Quader, denn sie lassen sich am schwersten bewegen.*

4. *Oft ist er quaderförmig, da beim Ausmessen nicht alle Seiten gleich lang sind.*

3.9 Körper-Wissensquiz

1.

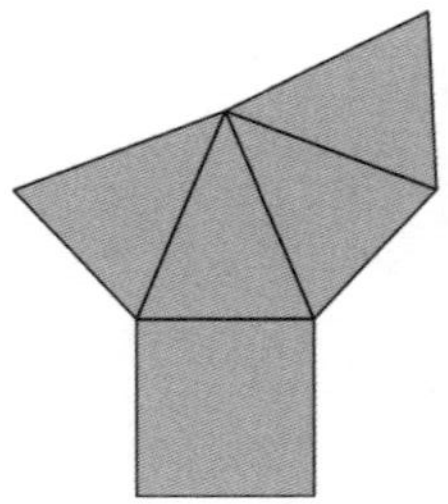

Pyramide

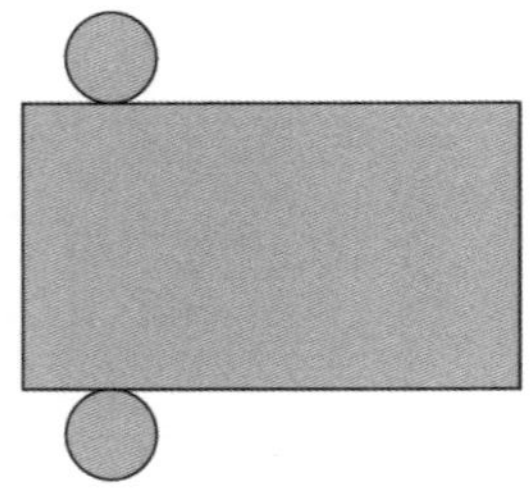

Zylinder

2.

Er ist spitz und hat unten eine Kreisfläche. *Kegel*
Er sieht aus wie eine Konservendose. *Zylinder*
Er hat sechs gleich große Quadrate. *Würfel*
Er hat keine Ecken und Kanten. *Kugel*
Er hat eine Spitze und die Grundfläche ist ein Quadrat. *Pyramide*
Er hat zwei Flächen. *Kegel*

3.

Kugel	Tasse	Ball	Kalender	Schultüte	Schuh-schachtel
Zylinder	Perle	Trinkglas	Kegel	Quader	Trichter
Bowling-kugel	Mess-becher	Murmel	Schwamm	Eistüte	Schrank

4.

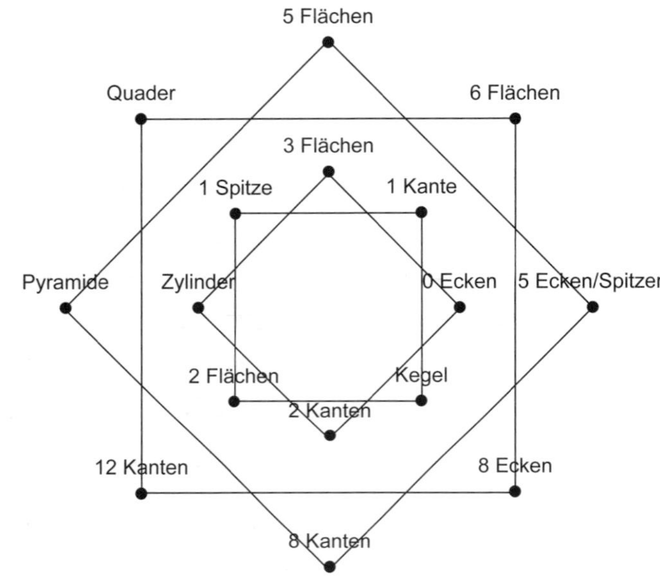

5.

Aussage	👍	👎	Begründung
Nur eine Kugel hat keine Ecken.		×	Auch Zylinder
Ein Würfel ist ein besonderer Quader.	×		
Nur ein Kegel hat eine Kante.	×		
Beim Quader sind alle Kanten unterschiedlich lang.		×	Je 4 Kanten sind gleich lang.
Ein Würfel hat 6 verschiedene Quadrate als Flächen.		×	Gleich große Quadrate

Lerntheke 4

Geometrische Abbildungen

Diese Lerntheke befasst sich mit Achsensymmetrie, Verschiebung und Drehsymmetrie.

Übersicht

4.1 Achsensymmetrie/ 4.2 Achsensymmetrie – Faltfiguren	Die Schüler überprüfen Figuren auf achsensymmetrische Eigenschaften und zeichnen Spiegelachsen ein.	★ | 👤 und ★★ | 👤
4.2 Achsensymmetrie – Faltfiguren/ 4.3 Achsensymmetrische Figuren zeichnen	Die Schüler ergänzen zeichnerisch zu achsensymmetrischen Figuren.	★★ | 👤 und ★★★ | 👤
4.4 Achsensymmetrie – Punkte spiegeln	Die Schüler wenden achsensymmetrische Eigenschaften an.	★★ | 👤
4.5 Verschiebungen	Die Schüler überprüfen Figuren auf Verschiebung.	★ | 👤
4.5 Verschiebungen/ 4.6 Verschiebungsspiel: Hin und her	Die Schüler setzen Muster durch Verschieben fort und entwickeln selbst Muster.	★ | 👤 und ★★ | 👤👤 👤👤👤
4.7 Figuren nach Vorschrift verschieben	Die Schüler verschieben Figuren nach Vorschrift.	★★ | 👤 und ★★★ | 👤
4.8 Drehsymmetrische Figuren erkennen	Die Schüler erkennen drehsymmetrische Figuren in der Umwelt.	★ | 👤 und ★★ | 👤
4.9 Drehsymmetrische Figuren herstellen/ 4.10 Drehen mit dem Geobrett	Die Schüler stellen drehsymmetrische Figuren her (auch mit Geobrett).	★★ | 👤 und ★★★ | 👤
4.11 Gespiegelt, gedreht, verschoben?	Die Schüler untersuchen Fotos auf Symmetrien. Sie stellen symmetrische Abbildungen her.	★★ | 👤 und ★★★ | 👤
4.12 Halma spielen – mal anders	Die Schüler gehen mit allen Abbildungen spielerisch um.	★★★ | 👤👤 👤👤👤

Name: Datum:

4.1 Achsensymmetrie

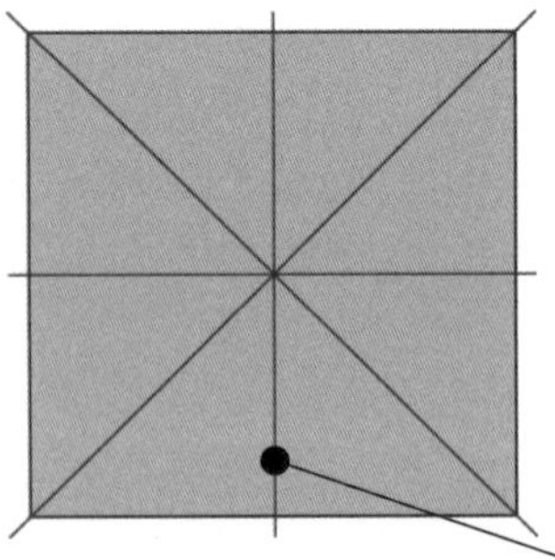

Das Quadrat ist **achsensymmetrisch**.
Es hat 4 **Spiegelachsen**.
Das Verkehrsschild ist achsensymmetrisch.
Es hat 3 Spiegelachsen.

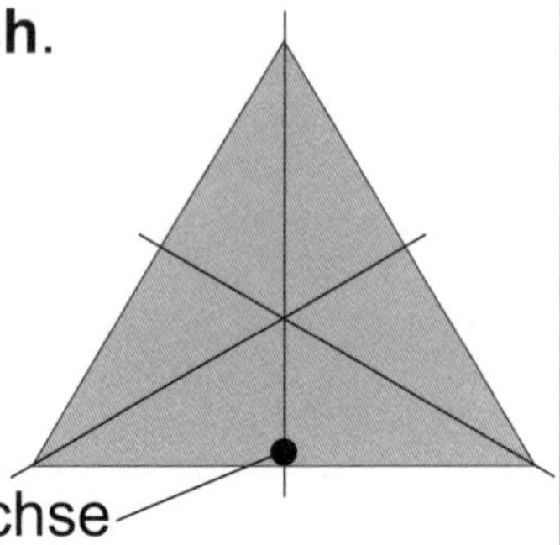

Spiegelachse Spiegelachse

1. Achsensymmetrisch oder nicht? Schreibe ja oder nein dazu. Begründe.
Wenn ja, zeichne noch die Spiegelachsen ein.
Tipp: Du kannst auch einen Spiegel für die Überprüfung benutzen.

2. Zeichne die Symmetrieachsen ein. Nimm einen Spiegel, wenn du dir nicht sicher bist und stelle ihn auf die Spiegelachse.

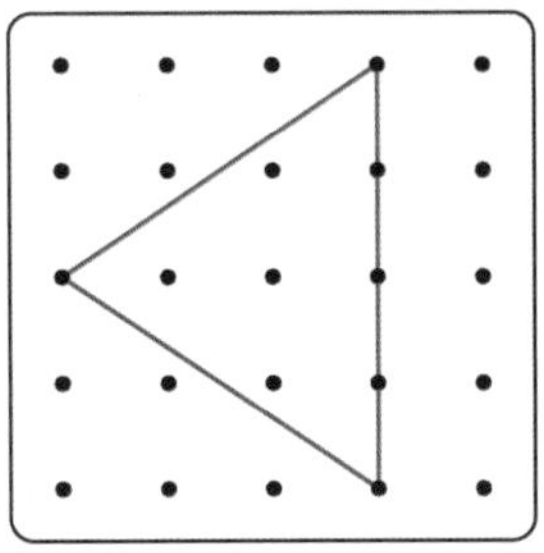

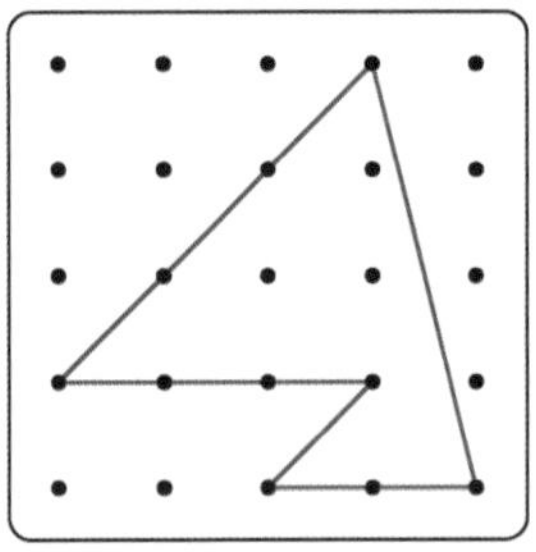

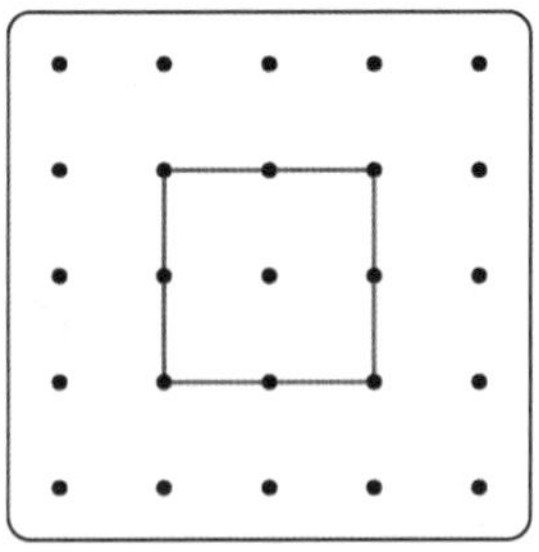

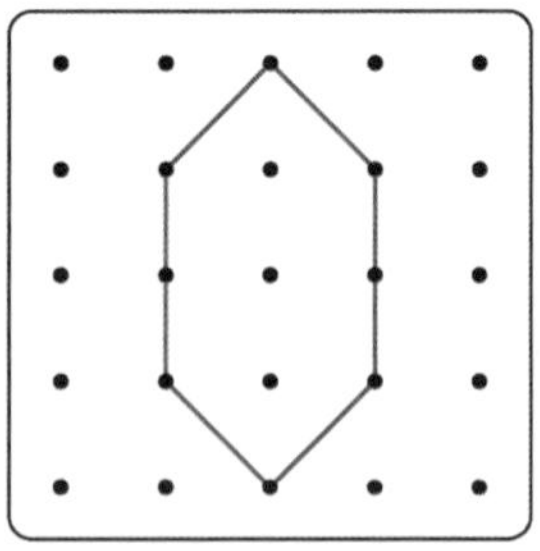

Name: Datum:

4.2 Achsensymmetrie – Faltfiguren

★ |

1. Ein Stück Papier wurde in der Mitte gefaltet und es wurden an der Faltkante Formen ausgeschnitten.
Welche Figuren entstehen beim Aufklappen? Nummeriere die untere Reihe der Abbildungen entsprechend.
Wenn du dir nicht sicher bist, kannst du die Faltfiguren selbst herstellen oder mit einem Spiegel überprüfen, indem du ihn auf die Faltlinie (Spiegelachse) stellst.

1 2 3 4

______ ______ ______ ______

★★ |

2. Ein Stück Papier wurde in der Mitte einmal (1./2.) bzw. zweimal (3./4.) gefaltet und es wurden an der Faltkante Formen ausgeschnitten.
Welche Figuren entstehen beim Aufklappen? Ergänze.

1 2 3 4

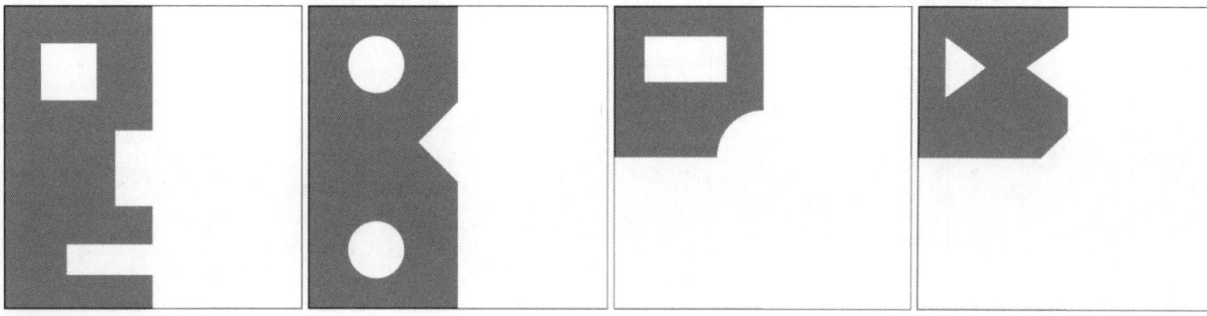

Lerntheke 4

Name: Datum:

4.3 Achsensymmetrische Figuren zeichnen

★★ |

1. Ergänze zu einer achsensymmetrischen Figur.
Male die entsprechenden Kästchen an.

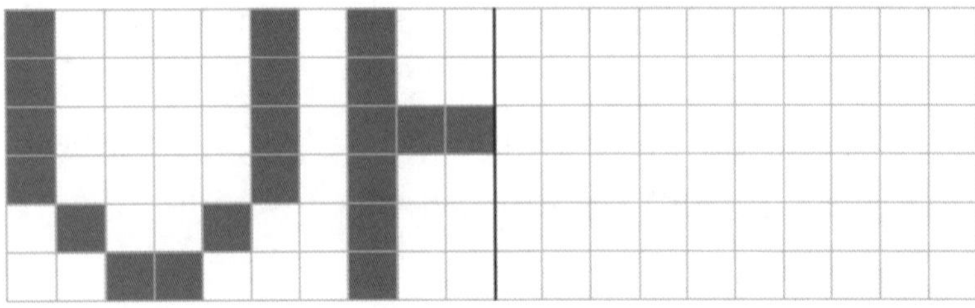

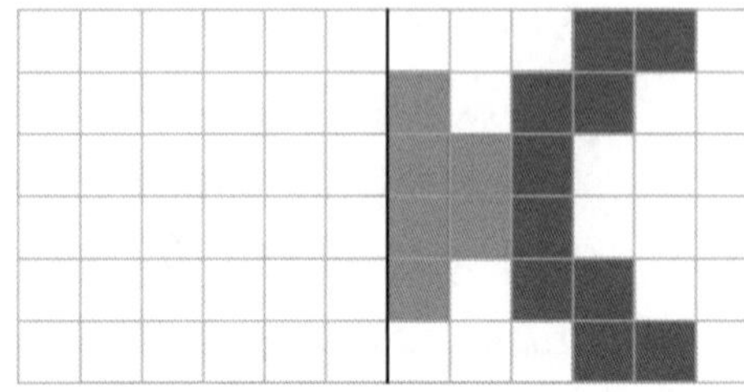

★★ |

2. Spiegle die Figur dreimal.

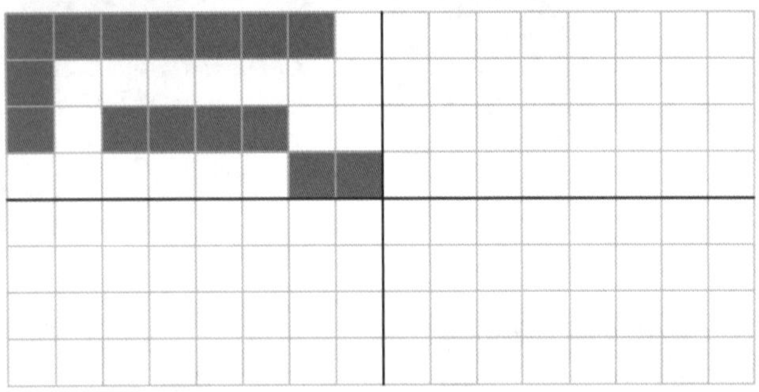

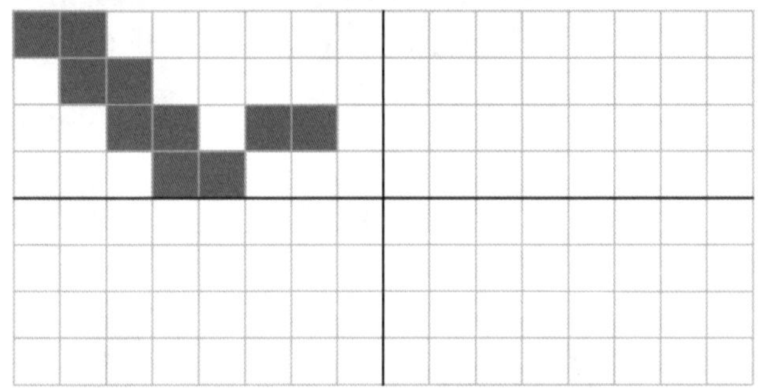

★★★ |

3. Die zu spiegelnde Figur hat einen großen Abstand zur Spiegelachse.
Zeichne das Spiegelbild ein.

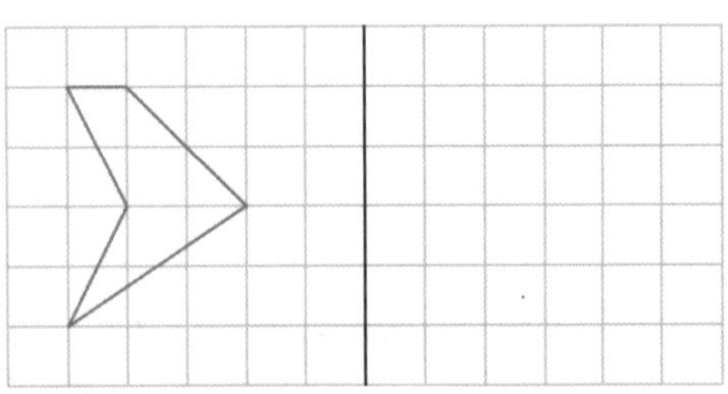

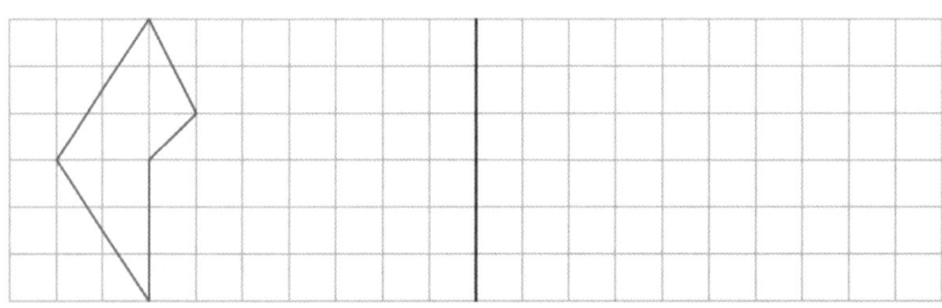

★★★ |

4. Spiegle die Figuren an der schrägen Spiegelachse.

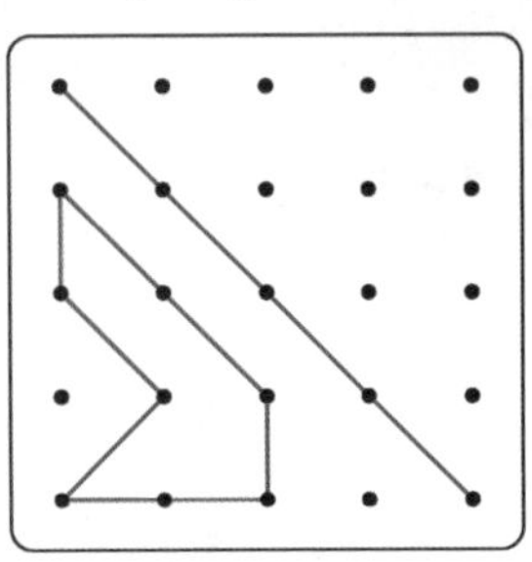

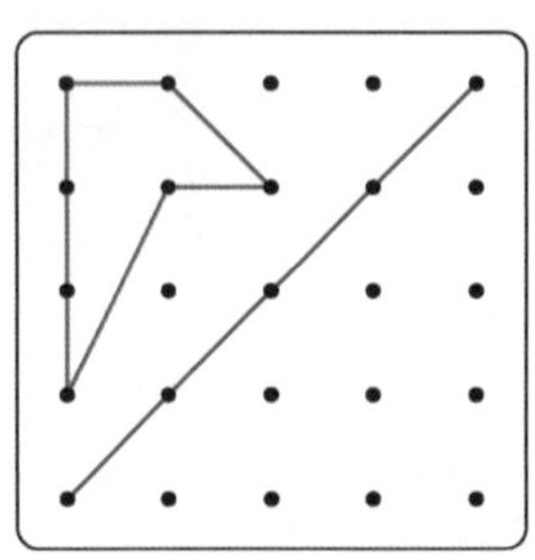

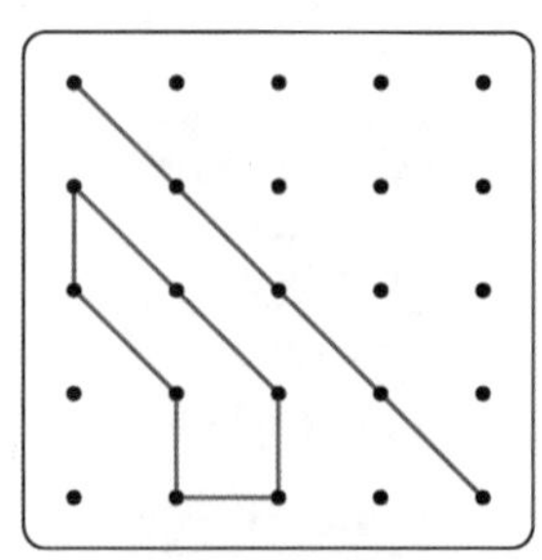

Name: Datum:

4.4 Achsensymmetrie – Punkte spiegeln

1. a) Wie musst du den Spiegel ansetzen, damit du jeweils die angegebene Punkteanzahl insgesamt (Original und Spiegelbild) siehst?
Zeichne jeweils die Symmetrieachse mit der vorgegebenen Farbe ein.
   - Du siehst insgesamt 2 Punkte. (Blau)
   - Du siehst insgesamt 1 Punkt. (Grün)
   - Du siehst insgesamt 9 Punkte. (Rot)

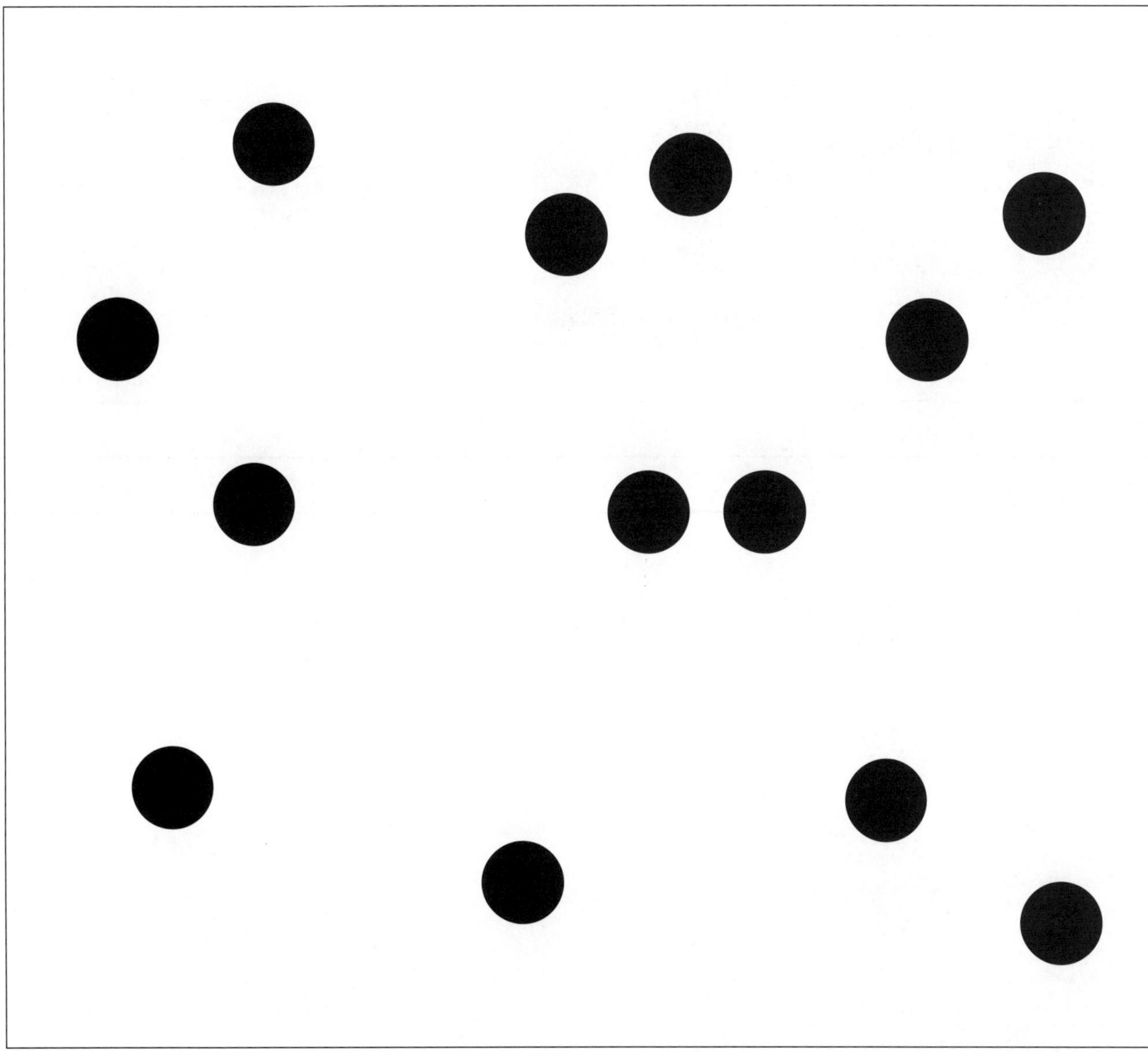

b) Wie viele Punkte kannst du höchstens sehen? Begründe.

Lerntheke 4

Name: Datum:

4.5 Verschiebungen

Bei der **Verschiebungssymmetrie** wird jeder Punkt einer Grundfigur um die **gleiche Länge** und in die **gleiche Richtung** verschoben.

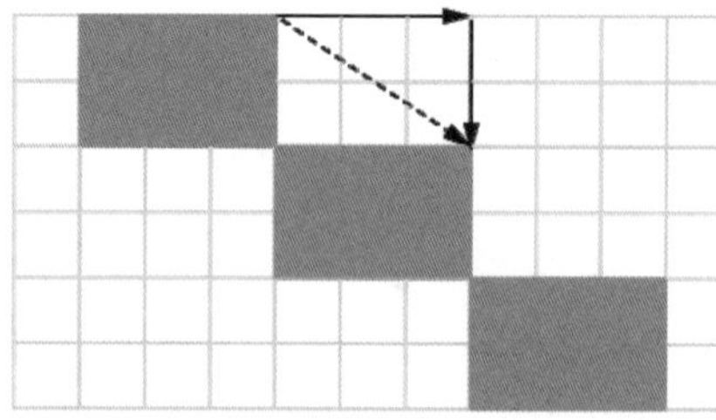

3 Kästchen nach rechts →, 2 Kästchen nach unten ↓

1. Liegen Verschiebungen vor? Begründe.

2. Setze die Muster/Grundfiguren durch Verschieben fort.

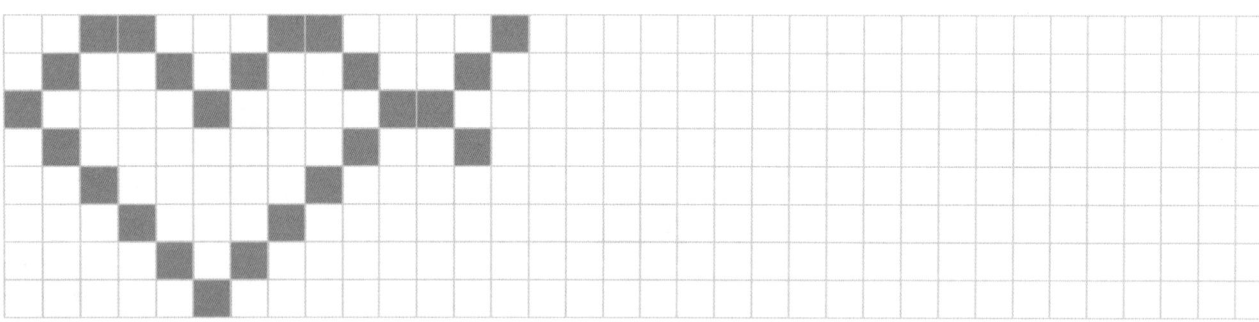

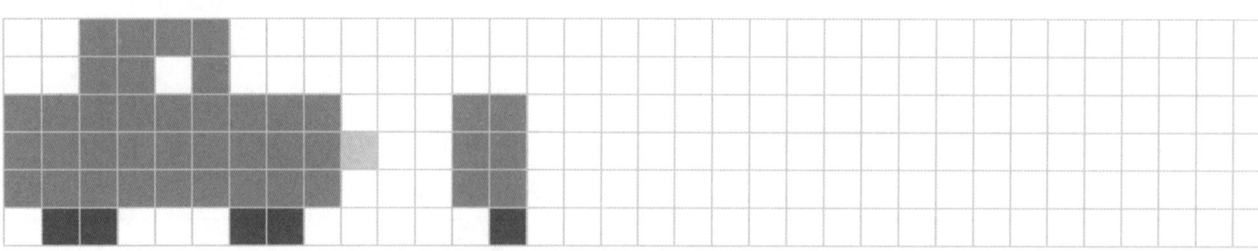

Name: Datum:

4.6 Verschiebungsspiel: Hin und her

Dieses Spiel ist für zwei bis drei Spieler geeignet. Ihr benötigt den Spielstreifen für jedes Kind und einen Augenwürfel für alle zusammen. Alle Spieler dürfen eine Form auswählen (z. B. ein Herz oder einen Kreis vom Formenlineal). Seine Form zeichnet jeder in das „Start"-Spielfeld. Nun wird gewürfelt. Du verschiebst deine Form um die gewürfelte Augenzahl entweder nach links oder nach rechts. Würfelst du z. B. eine „3" kannst du deine Form in das 3. Feld rechts oder links vom Start zeichnen. Bei jedem Wurf beginnst du wieder beim Startfeld. Sind Felder bereits belegt, ist der nächste Spieler an der Reihe. Ziel ist es, als Erster alle Spielfelder mit der Form zu füllen.

Schwieriger ist das Spiel, wenn du dir eine Schiebeleiste bastelst und dir merken musst, welche Felder bereits „belegt" sind.

Spielstreifen

						Start						

Schiebeleiste

Klebelasche

Lerntheke 4

Name: Datum:

4.7 Formen nach Vorschrift verschieben

★★ |

1. Verschiebe die Figuren nach Vorschrift.

a) 7 Kästchen nach rechts →

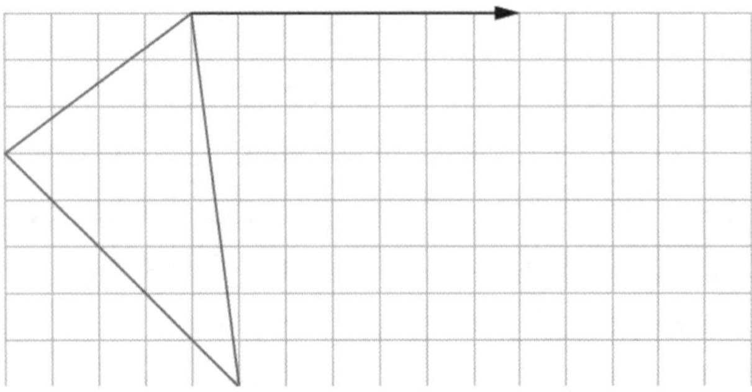

b) 5 Kästchen nach unten ↓

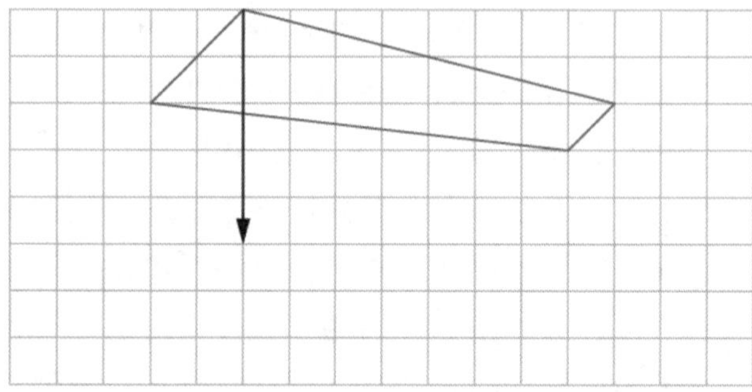

★★ |

2. Verschiebe diese Figur nach Vorschrift (7 Kästchen nach rechts) zweimal.

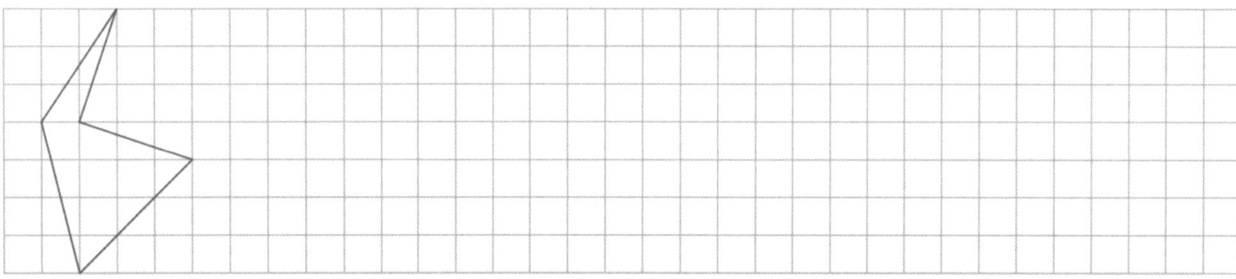

★★ |

3. Verschiebe die Figuren nach Vorschrift.

a) 6 K. →, 3 K. ↓ ↘

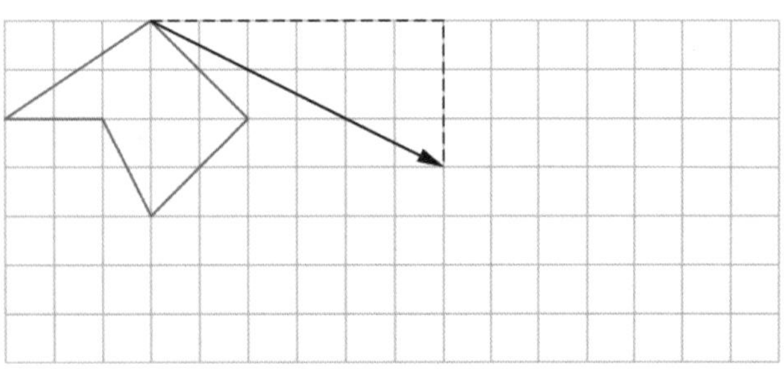

b) 8 K. ←, 4 K. ↑ ↖

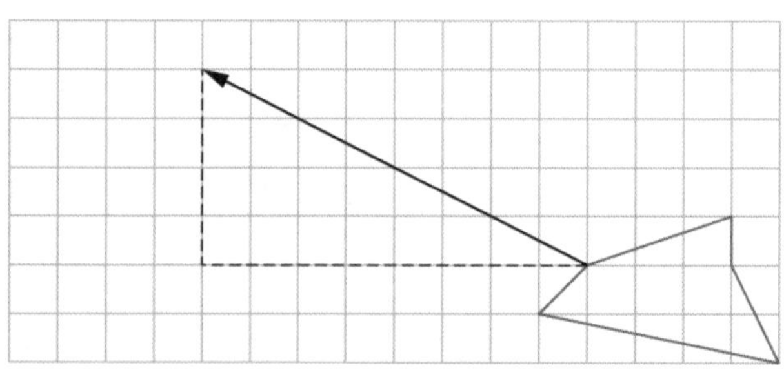

★★★ |

4. Notiere die Verschiebungsvorschrift unter den Abbildungen.

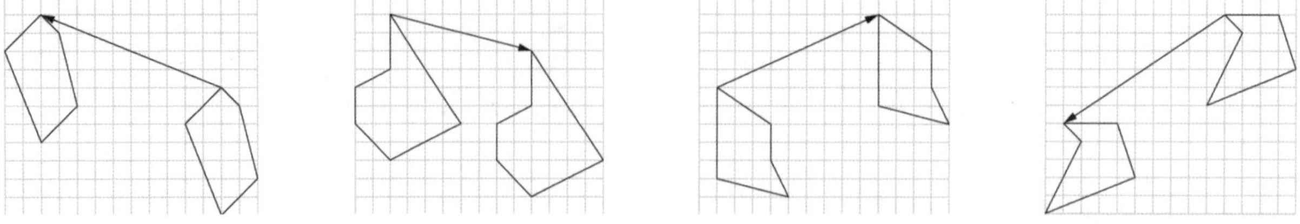

Name: Datum:

4.8 Drehsymmetrische Figuren erkennen

Bei der **Drehsymmetrie** wird eine (Teil-)figur schrittweise um den **Drehpunkt** gedreht, bis sie wieder deckungsgleich am Ausgangspunkt liegt.

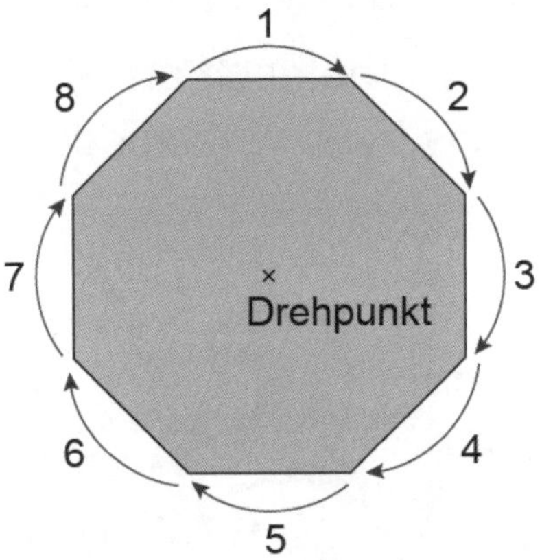

Die Figur kann 8-mal gedreht werden, bis sie wieder am Ausgangspunkt liegt.

★★ |

1. Drehsymmetrisch oder nicht? Begründe. Wenn die Figur drehsymmetrisch ist, trage den Drehpunkt ein und gib an, wie oft die Figur gedreht werden muss, bis die Teilfigur wieder am Ausgangspunkt liegt.

★ |

2. Wo findest du noch Drehsymmetrie? Zeichne oder finde zwei Beispiele. Klebe sie ein. Markiere die Drehpunkte und trage ein, wie oft die Figur gedreht werden muss, bis sie wieder am Ausgangspunkt liegt.

Name: Datum:

4.9 Drehsymmetrische Figuren herstellen

★★ |

1. Male die Figur drehsymmetrisch an.
Verwende mindestens zwei verschiedene Farben.

★★ |

2. Trage den Drehpunkt ein und beschreibe, wie oft du die Teilfigur drehen musst, bis sie wieder am Ausgangspunkt liegt.

4.10 Drehen mit dem Geobrett

★★ |

1. Klebe einen roten Klebepunkt in eine Ecke. Spanne die vorgegebene Teilfigur auf dem Geobrett. Drehe dein Geobrett – achte auf die rote Markierung. Zeichne die Teilfigur in das nächste leere Punkteraster. Drehe anschließend das Geobrett noch zweimal. Der rote Punkt muss in jeder Ecke einmal vorkommen, dann hast du alle Drehungen. Zeichne die zwei weiteren Teilfiguren in das Punkteraster dazu. Drehe das Brett solange, bis die erste Teilfigur wieder vor dir liegt. Zeichne nun noch einmal alle vier Teilfiguren in das große leere Punkteraster. Deine vollständige Drehfigur ist fertig.

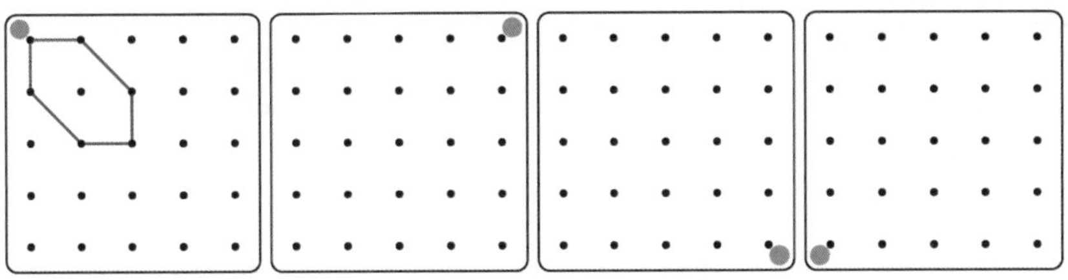

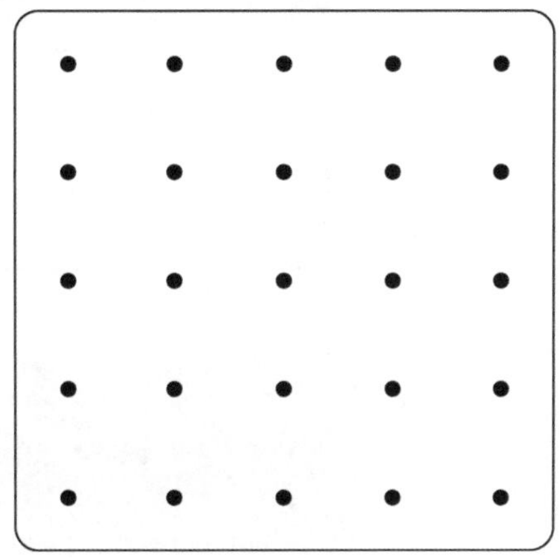

Beispiel:

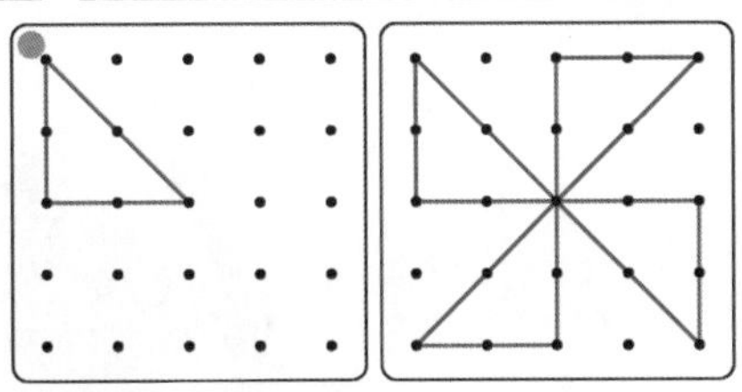

★★ | ★★★ |

2. Vervollständige zu drehsymmetrischen Figuren um den Drehpunkt.

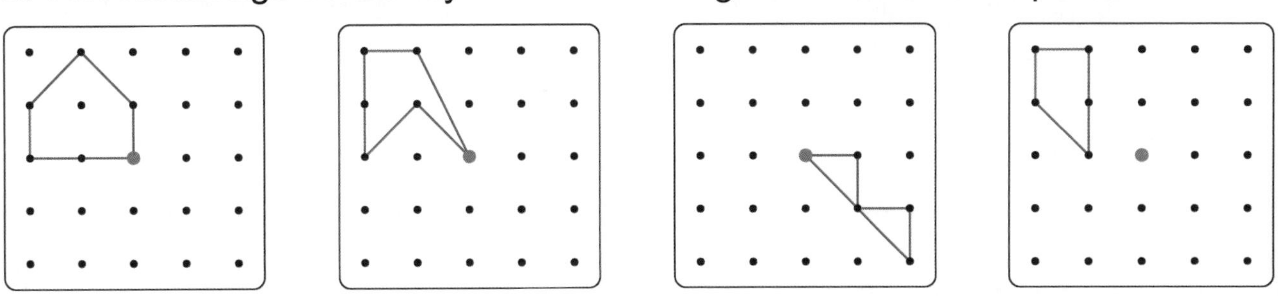

★★ |

3. Zeichne selbst zwei drehsymmetrische Figuren. Färbe sie bunt ein.

Name: Datum:

4.11 Gespiegelt, gedreht, verschoben?

1. Was liegt vor? Zeichne Symmetrieachsen, Drehpunkte, Verschiebungspfeile ein.
Notiere die Anzahl der Symmetrieachsen, Teildrehungen, Verschiebungen.

2. Übertrage das Muster für jede Teilaufgabe a)–c) neu in dein Heft.

a) Spiegele das Muster dreimal. Zeichne die Spiegelachsen ein.

b) Verschiebe es dreimal.
Gib die Verschiebungsvorschrift an.

c) Drehe es dreimal. Zeichne den Drehpunkt ein.

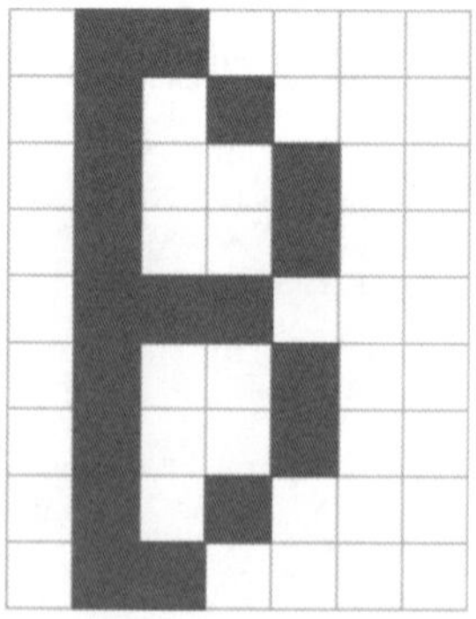

Name: Datum:

4.12 Halma spielen – mal anders

Die Dreiecks-Vorlagen werden jeweils auf DIN-A3-Format vergrößert auf rotes, blaues und grünes Papier kopiert und die einzelnen Dreiecke ausgeschnitten. Die Spielvorlage wird ebenfalls vergrößert kopiert und entsprechend angemalt.
Spielt zu dritt. Zunächst legt jeder Spieler seine Spieldreiecke auf die gleichfarbigen Außendreiecke. Innen (weiß) ist eure Spielfläche. Zu Beginn legt jeder ein Dreieck auf die Spielfläche. Reihum zieht jeder eine Karte und darf nach der Kartenanweisung weitere Dreiecke auf das Spielfeld legen. Mögliche Anweisungen: drehe dein Dreieck, verschiebe ein Dreieck 2-mal, spiegle ein Dreieck. Wenn dort bereits ein andersfarbiges Dreieck liegt, kannst du es mit deiner Farbe überdecken. Sieger ist, wer die meisten Dreiecke auf dem Spielfeld abgelegt hat.

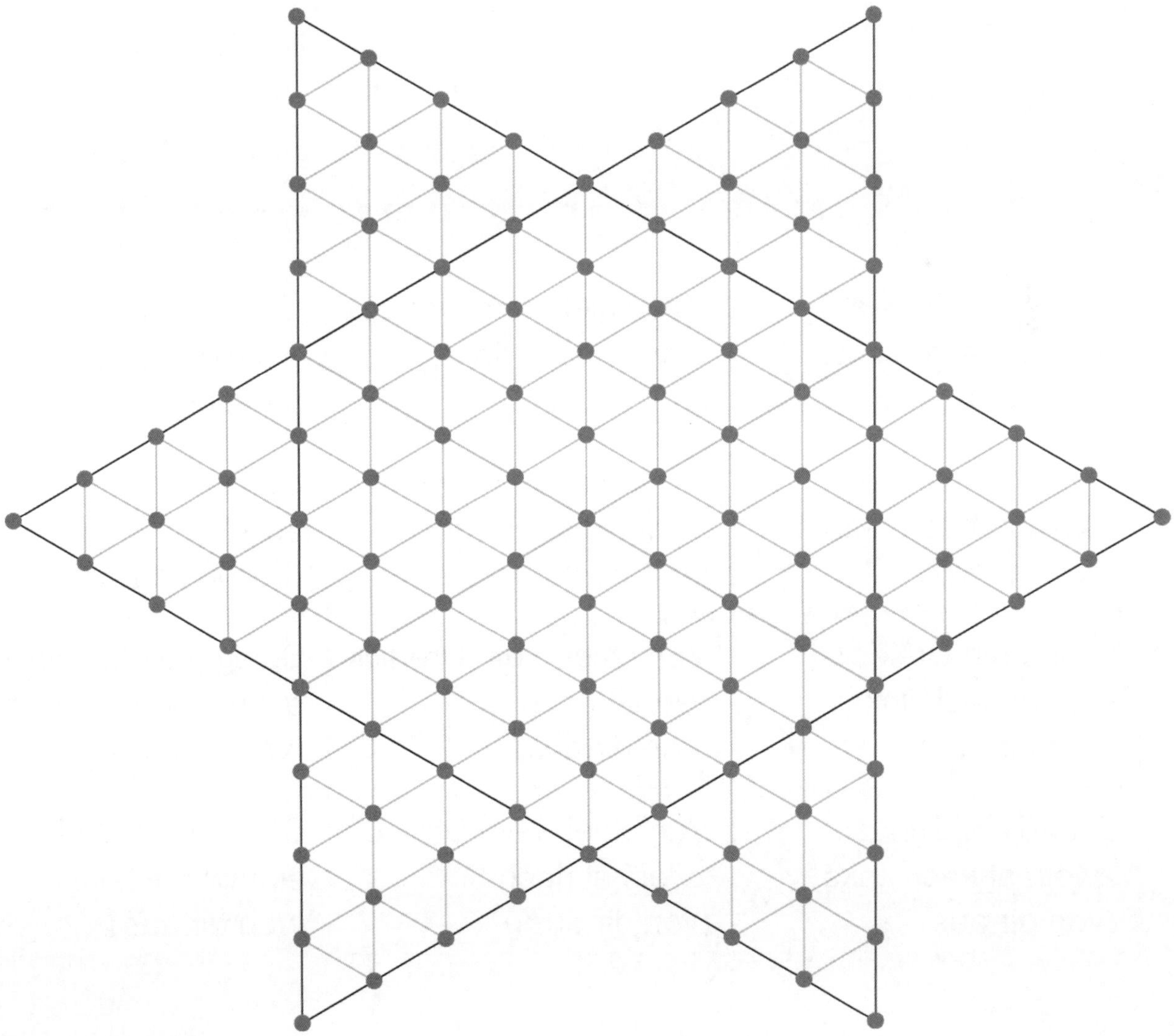

Name: Datum:

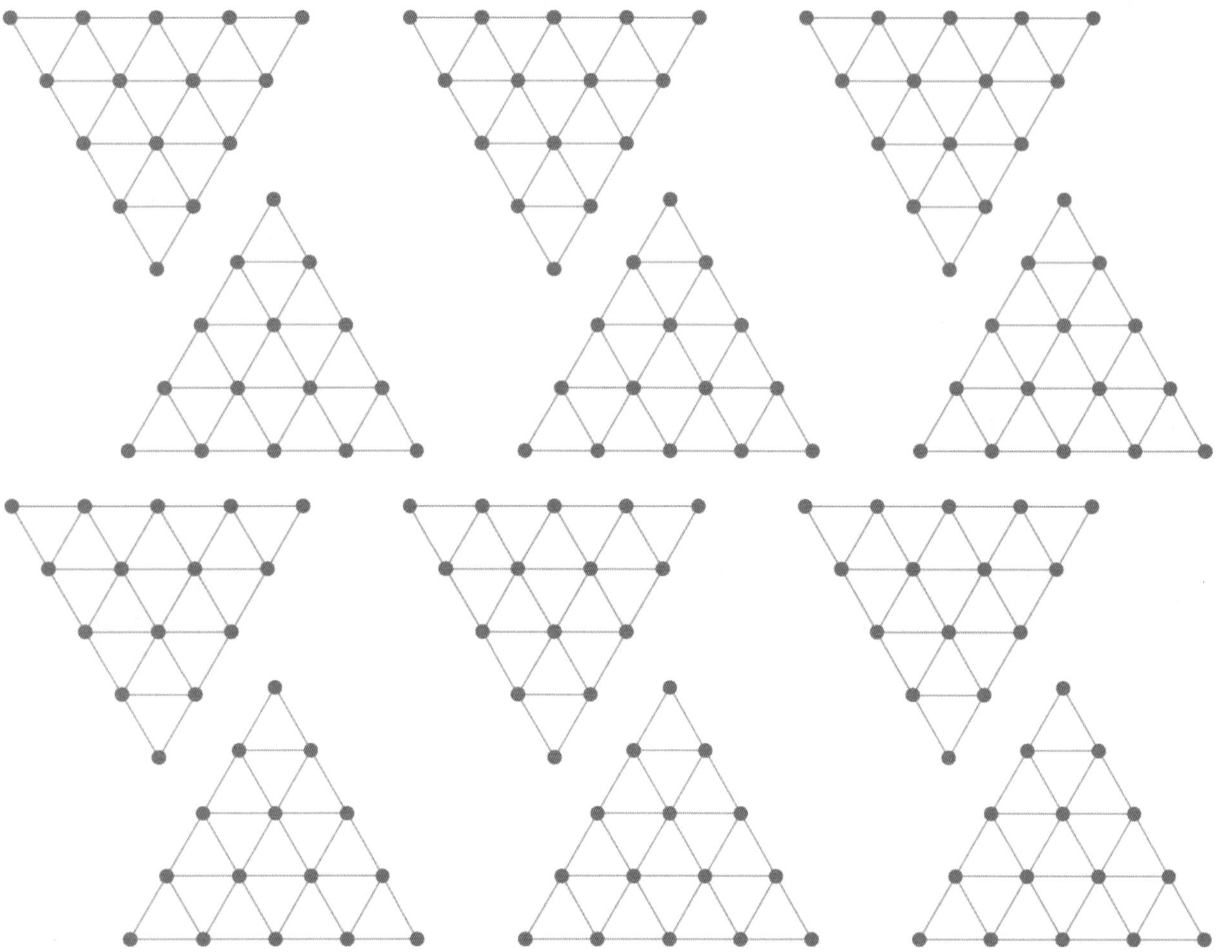

Drehe ein Dreieck einmal nach rechts (von dir aus).	Verschiebe ein Dreieck einmal nach links (von dir aus).	Spiegle ein Dreieck einmal (beliebige Richtung).
Drehe ein Dreieck zweimal nach rechts (von dir aus).	Verschiebe ein Dreieck zweimal nach rechts (von dir aus).	Spiegle ein Dreieck zweimal (beliebige Richtung).
Drehe ein Dreieck einmal nach links (von dir aus).	Verschiebe ein Dreieck einmal nach oben (von dir aus).	Spiegle ein Dreieck einmal nach rechts (von dir aus).
Drehe ein Dreieck zweimal nach links (von dir aus).	Verschiebe ein Dreieck zweimal nach unten (von dir aus).	Spiegle ein Dreieck einmal nach links (von dir aus).

4.1 Achsensymmetrie

1. Waage = achsensymmetrisch; Schmetterling = achsensymmetrisch; Stoppschild: Schild ist achsensymmetrisch, durch die Beschriftung nicht achsensymmetrisch

2.

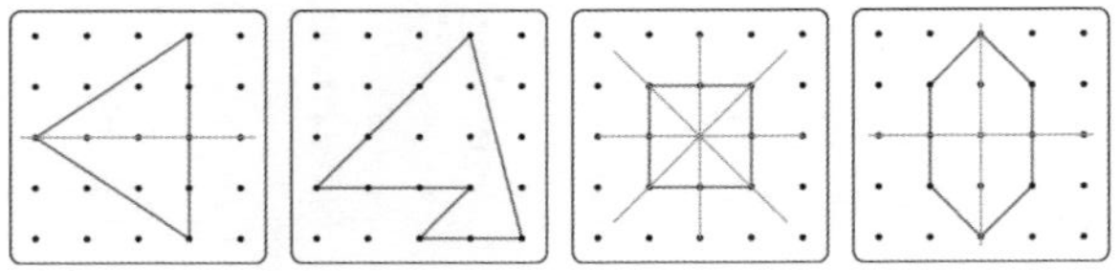

4.2 Achsensymmetrie – Faltfiguren

1.

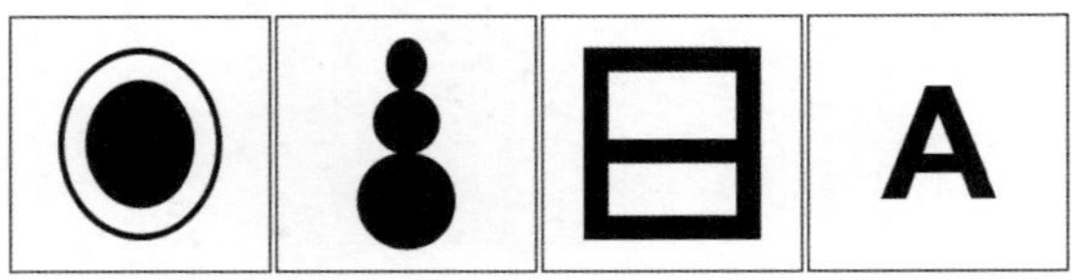

zu 3 zu 1 zu 4 zu 2

2.

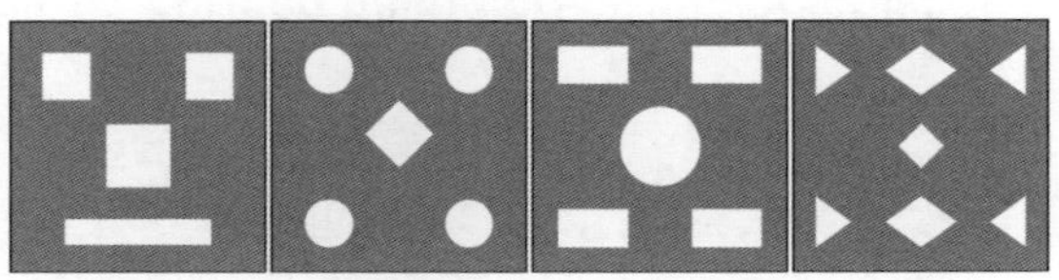

4.3 Achsensymmetrische Figuren zeichnen

1.

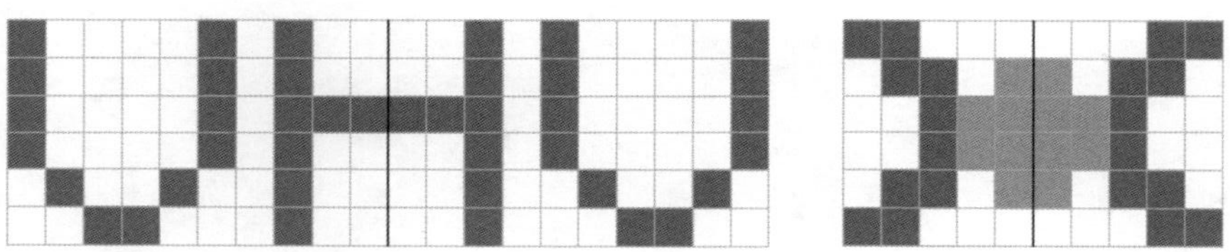

2.

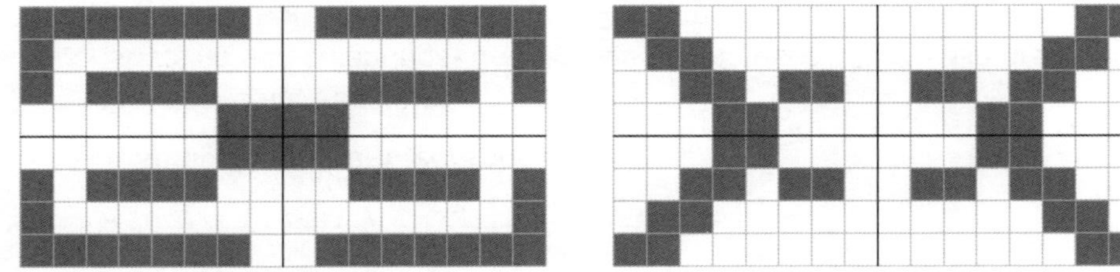

3.

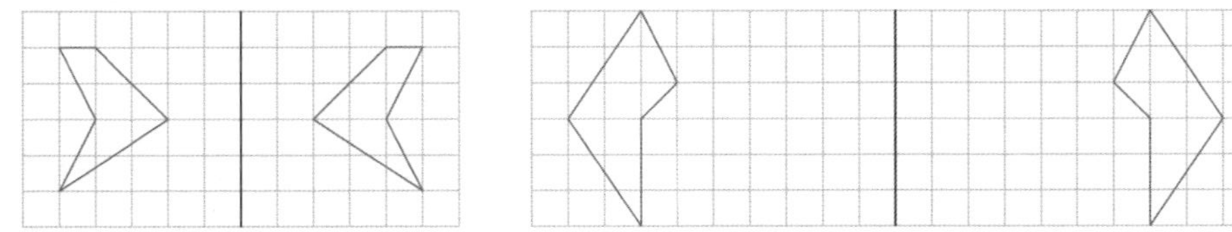

4.

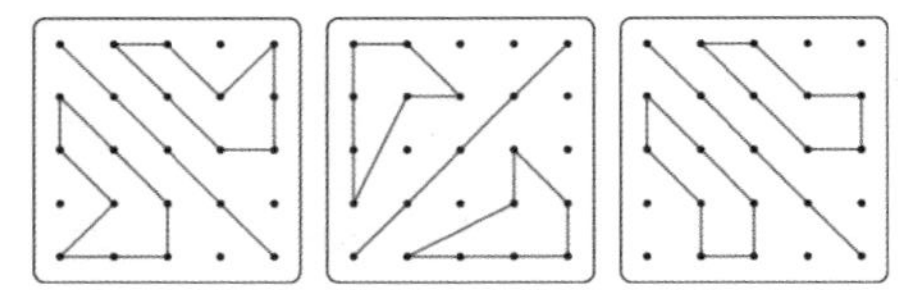

4.4 Achsensymmetrie – Punkte spiegeln

1. a)
- Du siehst insgesamt 2 Punkte. (Blau): Mit dem Spiegel 1 Punkt „abtrennen".
- Du siehst insgesamt 1 Punkt. (Grün): Den Spiegel auf die Hälfte eines Punktes stellen.
- Du siehst insgesamt 9 Punkte. (Rot): Den Spiegel auf die Hälfte eines Punktes stellen und 4 weitere Punkte „abtrennen".

b) *26 Punkte kann ich höchstens sehen, wenn ich den Spiegel so hinstelle, dass ich alle Punkte sehe.*

Lerntheke 4 – Lösungen

4.5 Verschiebungen

1. Garnrollen = nicht verschiebungssymmetrisch, die Farben sind unterschiedlich; Mosaikmuster = ja; Weihnachtskugeln = nicht verschiebungssymmetrisch, da unterschiedliche Farben; Muster = ja

2.

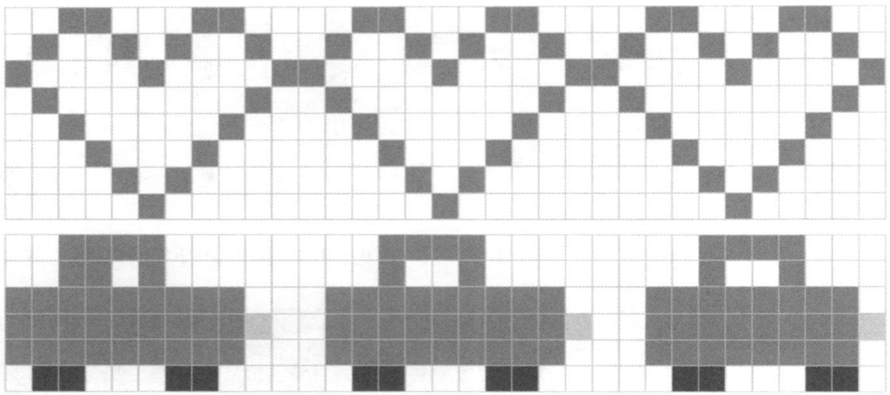

4.7 Formen nach Vorschrift verschieben

1.

a)

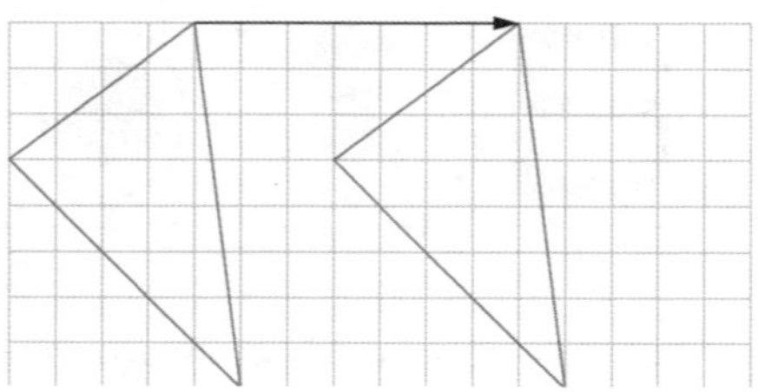

b)

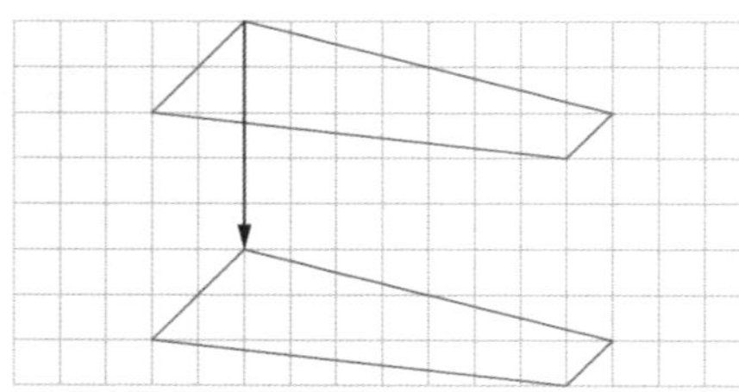

2.

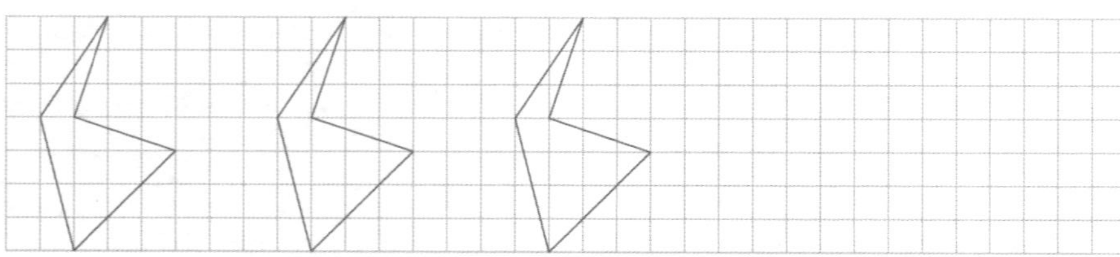

3.

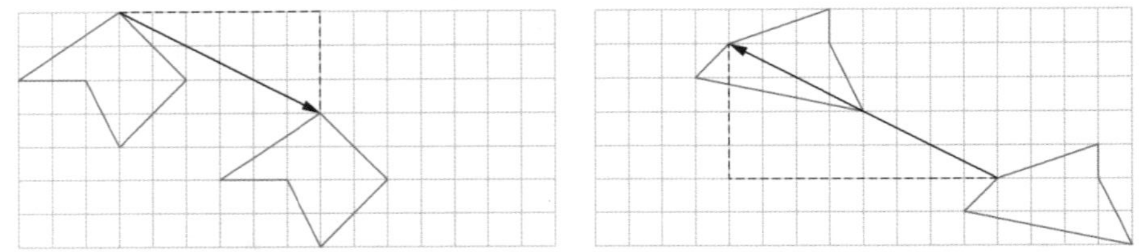

4.

1. 10 nach links, 4 nach oben
2. 8 nach rechts, 2 nach unten
3. 9 rechts, 4 oben
4. 9 links, 6 unten

4.8 Drehsymmetrische Figuren erkennen

1. Rad = drehsymmetrisch, es kann 8-mal gedreht werden, bis die Teilfigur wieder am Ausgangspunkt liegt; Spielkarte = nicht drehsymmetrisch, das das mittige Herz nicht gedreht ist; Muster Kachel = drehsymmetrisch, sie kann 4-mal gedreht werden, bis die Teilfigur wieder am Ausgangspunkt liegt; Stop-Schild = nicht drehsymmetrisch wegen der Beschriftung

4.9 Drehsymmetrische Figuren herstellen

2. Die Teilfigur kann 8-mal gedreht werden, bis sie wieder am Ausgangspunkt liegt.

4.10 Drehen mit dem Geobrett

2.

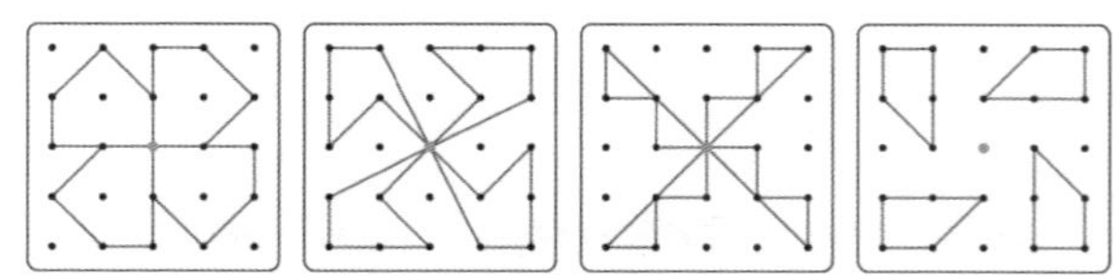

4.11 Gespiegelt, gedreht, verschoben?

1. Kirchendecke mit Fenstern:
Fenster sind verschiebungs- und achsensymmetrisch, Decke alle drei Symmetrieformen; Marienkäfer: achsensymmetrisch; Muster: alle drei Symmetrieformen; Filmrolle: dreh- und achsensymmetrisch

Lerntheke 5

Umfang, Flächen- und Rauminhalte

Diese Lerntheke befasst sich mit dem Bestimmen und Vergleichen von Umfängen, Flächeninhalten und Rauminhalten.

Übersicht

5.1 Umfang	Die Schüler bestimmen und vergleichen Umfänge ebener Figuren durch Nachlegen (z.B. Wollfäden).	★ | 👤, ★★ | 👤 oder 👥 ★★ | 👤
5.2 Umfänge auf dem Geobrett	Die Schüler bestimmen den Umfang ebener Figuren mit Einheitslängen (auch mit Geobrett). Die Schüler stellen Figuren mit einem bestimmten Umfang her.	★ | 👤, ★★ | 👤, ★★ | 👤 oder 👥
5.3 Flächeninhalte durch Auslegen bestimmen/ 5.4 Flächeninhalte mit Geobrett bestimmen	Die Schüler bestimmen und vergleichen den Flächeninhalt ebener Figuren durch Auslegen mit Einheitsflächen (z.B. Einheitsquadrate).	★ | 👤, ★★ | 👤 oder 👥, ★★ | 👤 und ★★★ | 👤
5.5 Rund um den Flächeninhalt	Die Schüler wenden ihr Wissen über Flächeninhalte an und begründen Vermutungen.	★★ | 👤
5.6 Umfang und Fläche – Im Zoo/ 5.7 Umfang oder Fläche?	Die Schüler gehen mit Umfängen und Flächeninhalten handelnd um und unterscheiden sie.	★★ | 👤, ★★★ | 👤, ★★ | 👥
5.8 Rauminhalt durch Umfüllen bestimmen	Die Schüler vergleichen und bestimmen Rauminhalte mithilfe von Umfüllen.	★★ | 👤 und ★ | 👤
5.9 Rauminhalt durch Einheitswürfel bestimmen	Die Schüler vergleichen und bestimmen Rauminhalte mithilfe von Einheitswürfeln.	★ | 👤 und ★★ | 👤

Name: Datum:

5.1 Umfang

★ |

1. Luisa hat zwei Meerschweinchen namens Fridolin und Paulchen.
Sie möchte ihnen einen kleinen quadratischen Freilauf mit der Seitenlänge 1 m bauen. Wie viel Meter Zaun braucht Luisa?
Tipp: Legt mit einer roten Schnur ein Quadrat mit der Seitenlänge 1 m auf den Boden. Lauft eine Runde barfüßig auf der Schnur entlang.
Das ist die Länge des Zaunes. Man nennt sie **Umfang.**

Schreibe eine Rechnung und die Antwort auf.

R: ____________________

A: ____________________

____

Umfang

Der Umfang **U** ist die Länge aller ihrer Seitenlängen einer Fläche.
Du berechnest den Umfang als Summe der Seitenlängen.

Einheiten: Der Umfang **U** wird in Längeneinheiten angegeben (mm, cm, dm, m, km).

Tipp: Den Umfang kannst du zeigen, wenn du mit dem Finger an den Außenkanten der Fläche entlangfährst.

★★ | oder

2. Umfahre deine Hand mit einem roten Buntstift auf einem weißen Blatt Papier.

a) Schätze den Umfang deiner Hand in cm: ____________

b) Wie ist der genaue Umfang deiner Hand? Überlege, wie du ihn messen kannst.

____

c) Wer hat den kleinsten bzw. den größten Handumfang in deiner Klasse? Schätzt zuerst und messt dann nach.

★★ |

3. Nenne noch weitere Beispiele, wo du den Umfang benötigst.

____

Name: Datum:

5.2 Umfänge auf dem Geobrett

1. a) Schätze, welche Figur den größten Umfang hat.

____

A B C D

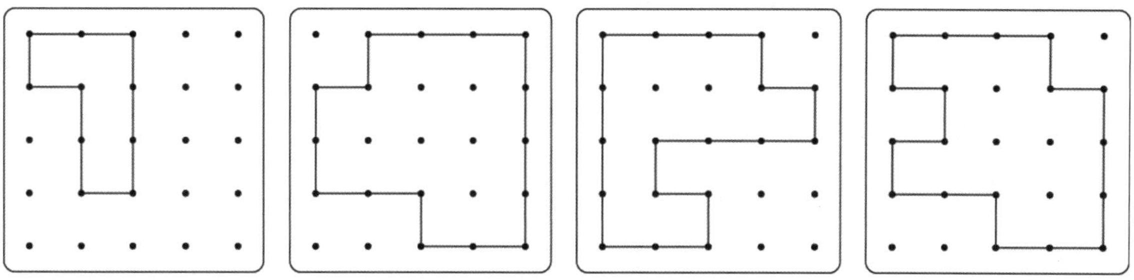

______ EL __________ __________ __________

b) Wie groß ist der Umfang der Figuren genau
(in Karolängen = Einheitslängen = EL)? Schreibe ihn darunter.

c) Sortiere die Figuren nach der Länge des Umfangs. Beginne mit dem größten Umfang.

____

2. Spanne und zeichne mit Rot 4 verschiedene Figuren, die einen Umfang von 12 Einheitslängen haben.

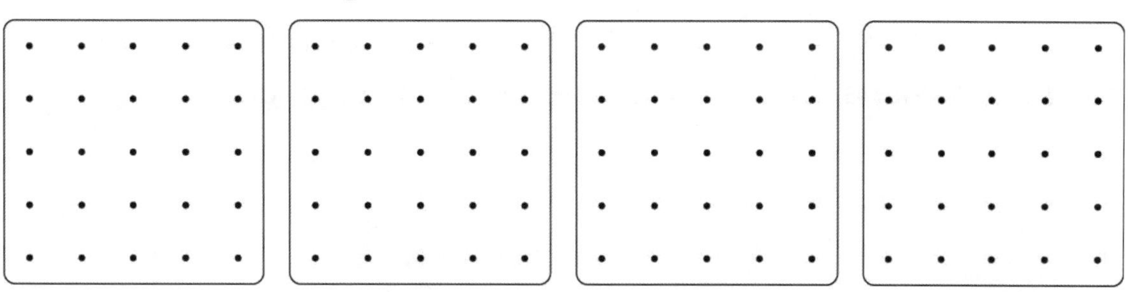

oder

3. Du spannst eine Figur. Dein Partner soll eine andere Figur mit dem gleichen Umfang spannen. Tauscht anschließend.

Name: Datum:

5.3 Flächeninhalte durch Auslegen bestimmen

Ein Quadrat mit einer Seitenlänge von 1 cm hat den Flächeninhalt 1 cm^2. Wir nennen es Einheitsquadrat (EQ).

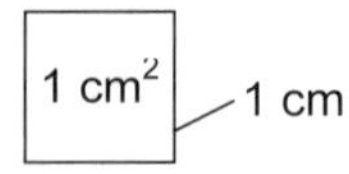

★★ |

1. a) Zeichne auf blaues Tonpapier 1 cm^2.

b) Schneide das Einheitsquadrat (EQ) aus und klebe es in dein Heft ein.

c) Wie viele Einheitsquadrate passen in dieses Quadrat mit der Seitenlänge 10 cm? ____________ EQ Zeichne die Einheitsquadrate mit Lineal ein!

d) Was hat auf 1 Einheitsquadrat (1 EQ, 1cm^2) Platz? Kreuze ja oder nein an. Wenn du nicht sicher bist, lege es auf dein Einheitsquadrat.

	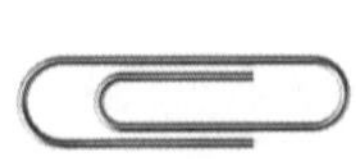		
☐ ja ☐ nein	☐ ja ☐ nein	☐ ja ☐ nein	☐ ja ☐ nein

Name: Datum:

Der Flächeninhalt **A** einer Figur ist alles, was im Inneren der Figur ist.

Der Flächeninhalt **A** wird in *Flächeneinheiten* angegeben.

Einheiten: Quadratmillimeter (mm^2), Quadratzentimeter (cm^2), Quadratdezimeter (dm^2), Quadratmeter (m^2) , Quadratkilometer (km^2)

Tipp: Flächen können mit Einheitsquadraten ausgelegt und so gemessen werden.

2. Bemale deine Handfläche mit blauer Wasserfarbe und drucke sie auf ein weißes Blatt Papier.

a) Schätze den Flächeninhalt deiner Hand in cm^2: ____________

b) Wie groß ist der Flächeninhalt deiner Hand? Überlege, wie du ihn messen kannst.

____

____

c) Wer hat den kleinsten bzw. den größten Handflächeninhalt in deiner Klasse? Schätzt zuerst und messt dann nach.

____

____

3. a) Schätze zuerst die Größe der Flächen. Zähle dann jeweils die Anzahl der Einheitsquadrate. (■ = Einheitsquadrat)

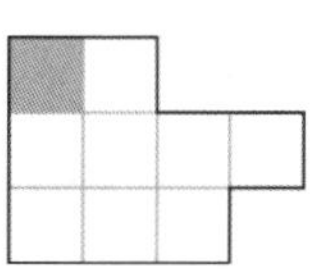

A

geschätzt: ______

gezählt: ________

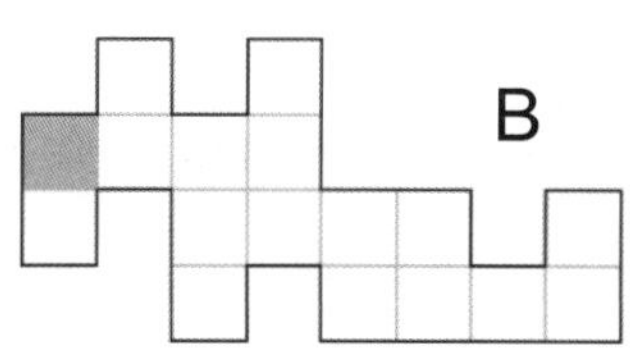

B

geschätzt: ______

gezählt: ________

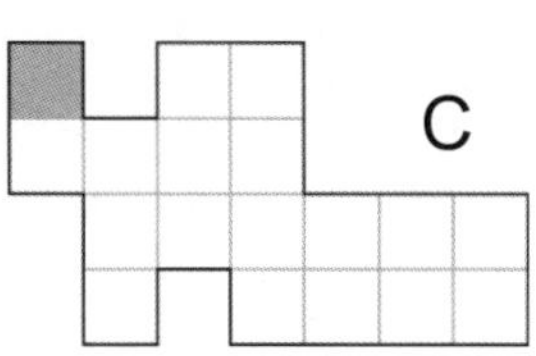

C

geschätzt: ______

gezählt: ________

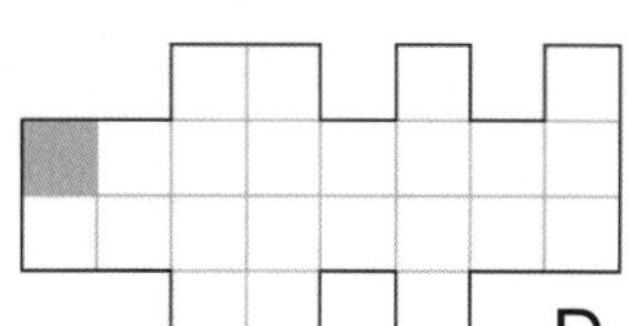

D

geschätzt: ______

gezählt: ________

b) Sortiere die Figuren nach der Größe ihrer Flächen. Beginne mit der größten Fläche:

____

Name: Datum:

5.4 Flächeninhalte mit Geobrett bestimmen

★★ |

1. Spanne und zeichne vier verschiedene Figuren, die einen Flächeninhalt von 8 Einheitsquadraten haben. Male sie blau aus.

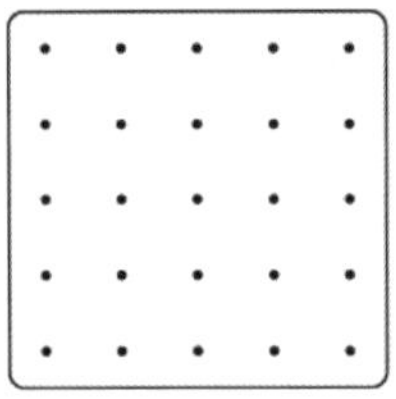 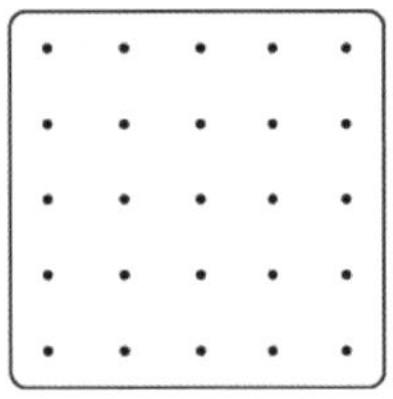 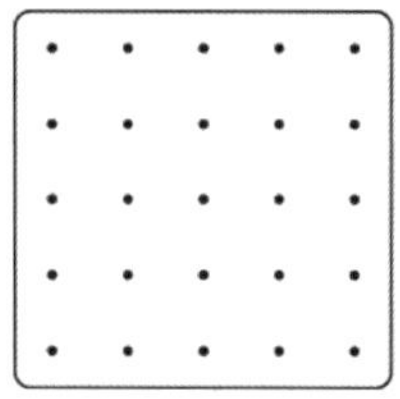 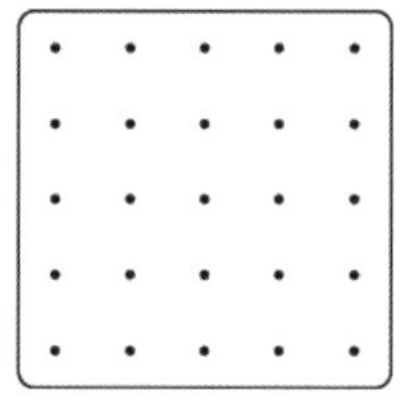

★ |

2. a) Schätze zuerst den Flächeninhalt (in EQ).
b) Notiere den tatsächlichen Flächeninhalt.

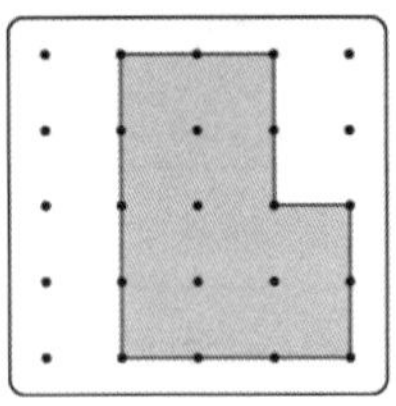 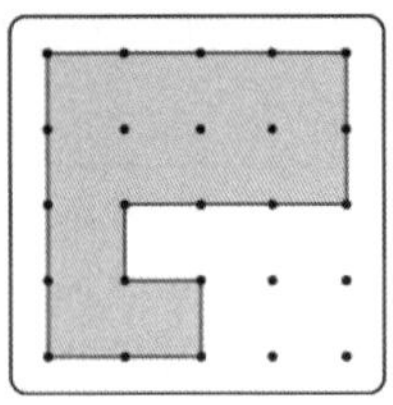 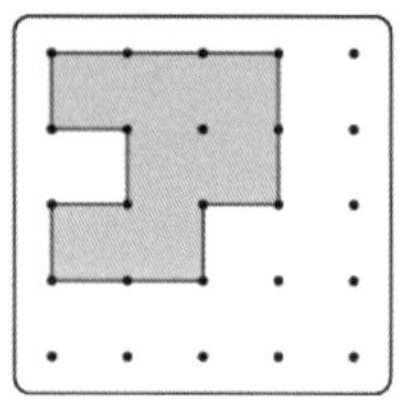 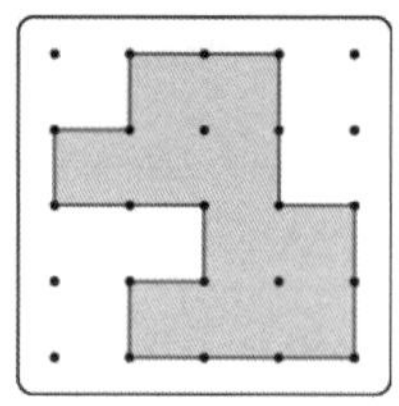

geschätzt	EQ			
gezählt	EQ			

★★ | oder

3. Du spannst eine Figur. Dein Partner soll eine andere Figur mit dem gleichen Flächeninhalt spannen.

★★ |

4. Kannst du den Flächeninhalt dieser Figuren auch in EQ angeben?

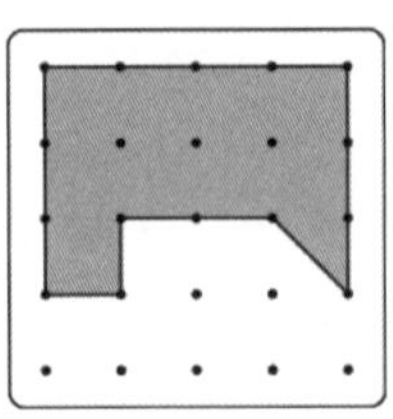 ____________

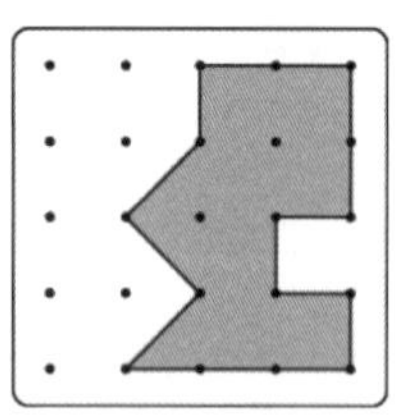 ____________

★★★ |

5. Paul behauptet: „Ich wähle einfach ein Dreieck als Maßeinheit und stelle so den Flächeninhalt fest." Darf er das?

____

Name: Datum:

5.5 Rund um den Flächeninhalt

★★ |

1. Nenne drei eigene Beispiele, wozu du den Flächeninhalt brauchst.

★★ |

2. Welche Maßeinheit passt zu den folgenden Flächen? Verbinde!

Mathebuch
Floh
Pausenhof
Berlin
Deutschland
Fingernagel
Radiergummi
Schreibtisch

Quadratmillimeter (mm^2)
Quadratzentimeter (cm^2)
Quadratmeter (m^2)
Quadratkilometer (km^2)

★★ |

3. Bei welchem Satz geht es um eine Fläche? Die richtigen Aussagen ergeben ein Lösungswort.

Aussage	ja	nein
Eine Straße wird neu geteert.	R	F
Sven läuft über das Fußballfeld.	L	I
Der Platzwart mäht den Rasen des Fußballfeldes.	C	Ä
Frau Wolz fährt von Berlin nach München mit dem Auto.	C	H
Der Parkplatz ist für das Wohnmobil zu klein.	T	H
Mutti bügelt die Wäsche.	I	E
Ina ist 1,55 m groß.	N	G

Lösungswort: ______________________

★★ |

4. Wähle vier Gegenstände aus deinem Mäppchen. Schätze ihren Flächeninhalt (EQ). Umfahre sie im Heft und zähle die EQ.

Name: Datum:

5.6 Umfang und Fläche – Im Zoo

★★ |

1. Färbe bei den Gehegen der Tiere jeweils den Umfang rot und die Fläche blau. Gib den Flächeninhalt und den Umfang an. Schätze zuerst und zähle dann. Schreibe auch eine Rechnung dazu auf.

Gehege	Flächeninhalt (Einheitsquadrate EQ)	Umfang (Einheitslängen EL)
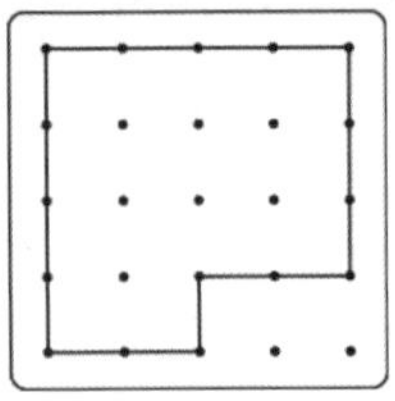 Löwe	Geschätzt: ______ Gezählt: ______ Meine Rechnung: ______ ______	Geschätzt: ______ Gezählt: ______ Meine Rechnung: ______ ______
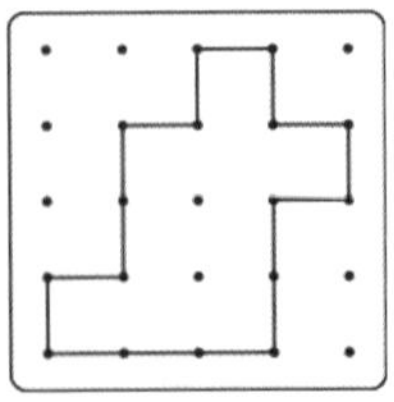 Nashorn	Geschätzt: ______ Gezählt: ______ Meine Rechnung: ______ ______	Geschätzt: ______ Gezählt: ______ Meine Rechnung: ______ ______
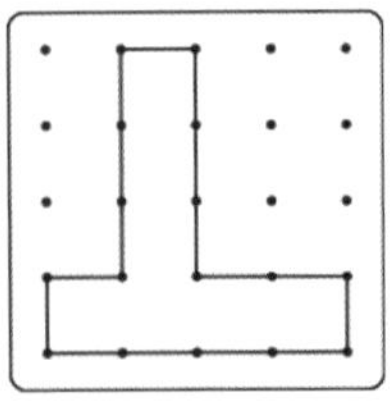 Giraffe	Geschätzt: ______ Gezählt: ______ Meine Rechnung: ______ ______	Geschätzt: ______ Gezählt: ______ Meine Rechnung: ______ ______
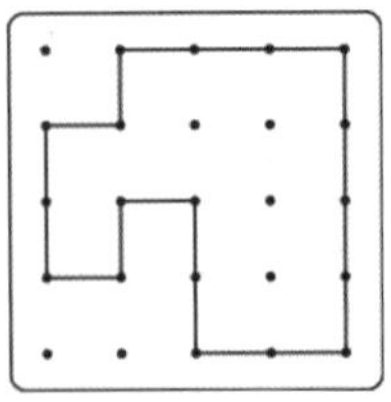 Eisbär	Geschätzt: ______ Gezählt: ______ Meine Rechnung: ______ ______	Geschätzt: ______ Gezählt: ______ Meine Rechnung: ______ ______

Name: Datum:

2. a) Tierpfleger Ernst hat neue Zäune mit insgesamt 8 EL für das Affengehege. Zeichne drei verschiedene Möglichkeiten auf.

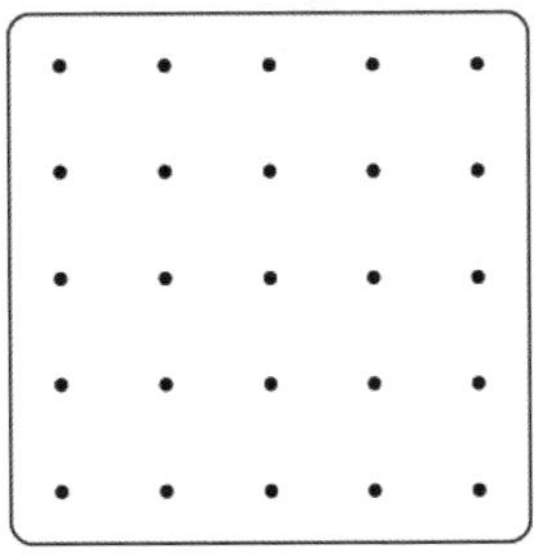

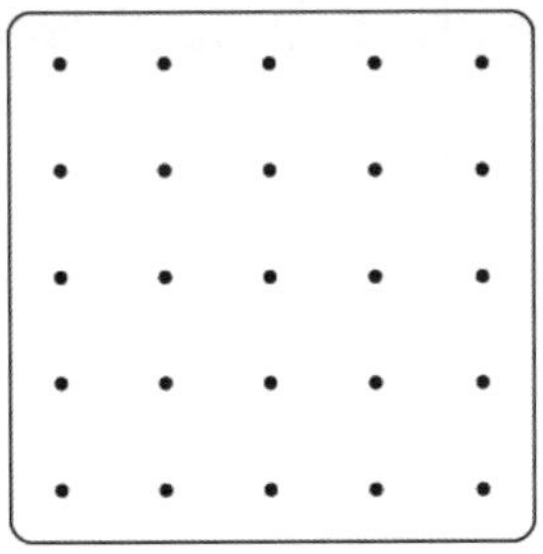

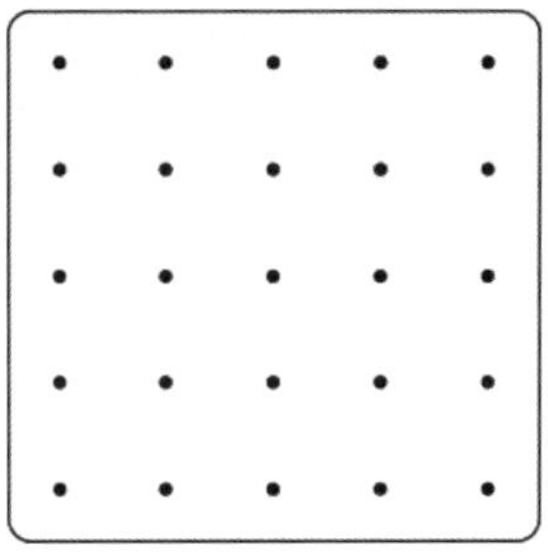

b) Schreibe an jede Seite die Anzahl der EL daneben. Was fällt dir auf?

____

3. Tierpfleger Ernst möchte die größtmögliche Fläche für die Affen haben. Wie muss er den Zaun aufbauen?

____

4. Wird der Flächeninhalt (Fläche des Geheges) größer, wenn der Umfang (Zaun) länger wird? Begründe.

____

____

5. Beim rechteckigen Gehege der Wildkatze wird jede Zaunseite verdoppelt. So vervierfacht sich der Flächeninhalt. Stimmt das? Beweise deine Antwort mit zwei Zeichnungen (vorher und danach) des Geheges. Notiere.

____

____

6. Du sollst für einen kleinen Streichelzoo die Gehege planen. 3 Lamas, 2 Esel, 3 Ponys, 5 Hasen und einige Ziegen und Schafe wollen ihre eigenen Gehege. Du hast 40 EL Zaunlänge. Jede Tiergruppe möchte so viel Platz wie möglich. Bildet Gruppen, plant die Gehege und stellt euch gegenseitig eure Lösungen vor.

Name: Datum:

5.7 Umfang und Fläche?

★★ |

1. Male Umfänge rot und Flächen blau an.

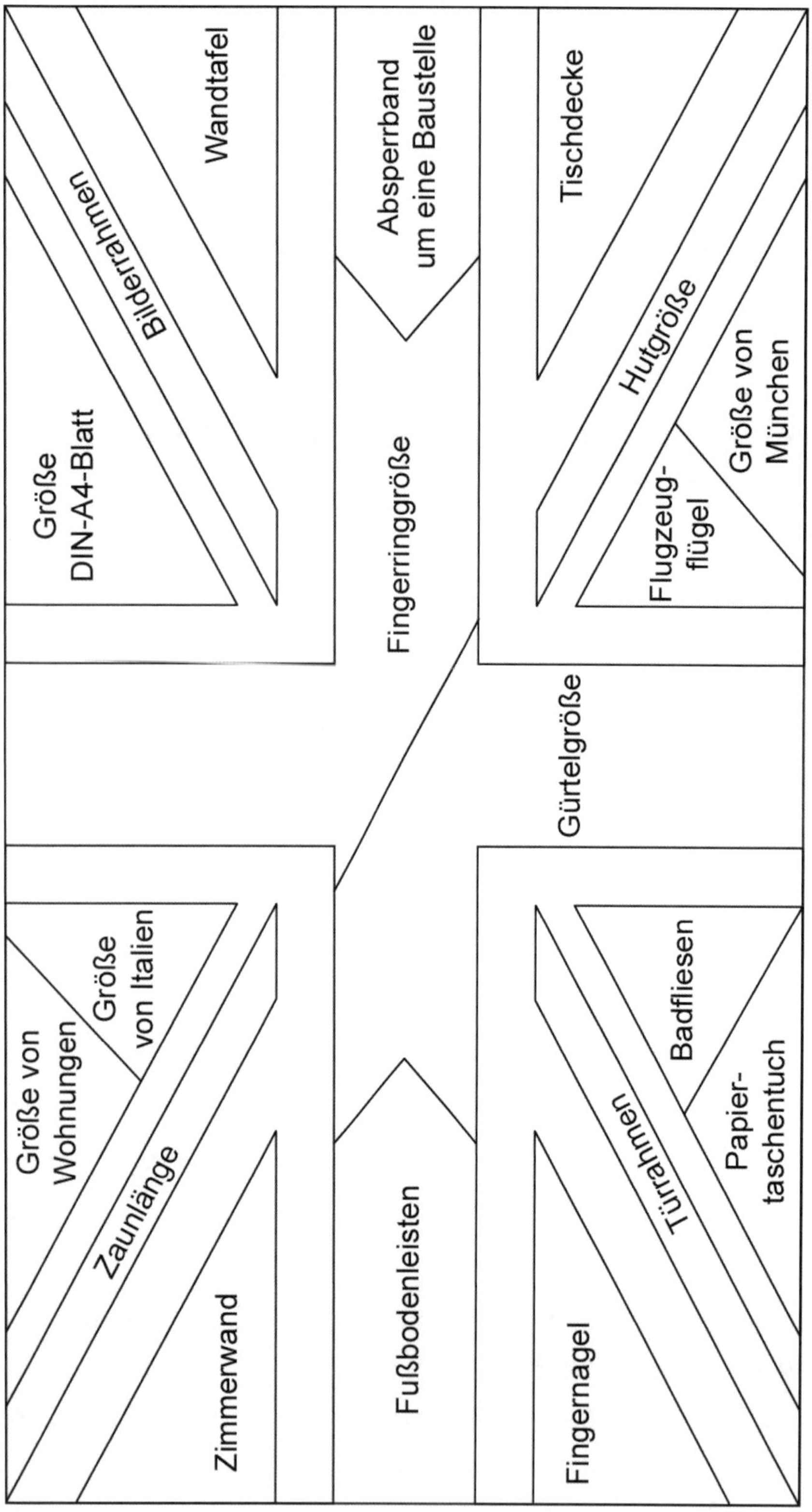

2. Weißt du, was die Zeichnung darstellt? Notiere.

____

____

Name: Datum:

5.8 Rauminhalt durch Umfüllen bestimmen

1. Luisa hat zwei Meerschweinchen namens Fridolin und Paulchen. Sie benötigen zusammen mindestens 100 ml Wasser pro Tag. Wenn Luisa in Urlaub fährt, kümmert sich ihre Tante Friederike um die Meerschweinchen. Nach dem letzten Urlaub behauptete Tante Friederike, dass Luisas Napf zu klein sei und der Napf ihrer Tante mehr Wasser anbieten kann.

a) Wie könnte Luisa beweisen, dass ihr Napf 100 ml Wasser anbietet?

___

___

b) Wie kann Luisa beweisen, dass der Napf ihrer Tante nicht größer ist?

___

___

2. Wo passt mehr hinein? Kreuze den größeren Rauminhalt an.

☐

☐

☐

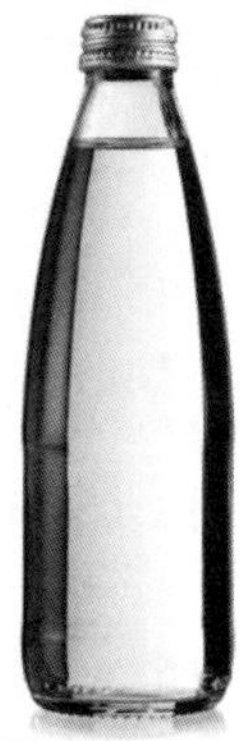
☐

☐

☐

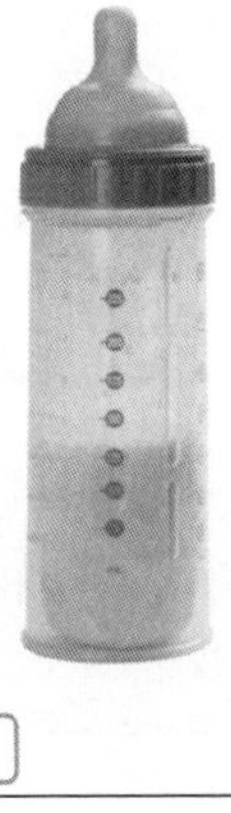
☐

☐

Name: Datum:

Rauminhalte kannst du durch „Umschütten" vergleichen oder messen. Dazu füllst du das Gefäß mit Sand oder Wasser und vergleichst die Menge, sprich den Rauminhalt, direkt miteinander oder du misst diese mit einem Messgefäß.

★ | 👤

3. Schätze zuerst den Rauminhalt. Fülle den Behälter mit Wasser und schütte es in einen Messbecher um. Notiere den Rauminhalt in Litern/Millilitern.

<table>
<tr><td>

geschätzt: ____________
gemessen: ____________</td><td>
geschätzt: ____________
gemessen: ____________</td></tr>
<tr><td>
geschätzt: ____________
gemessen: ____________</td><td>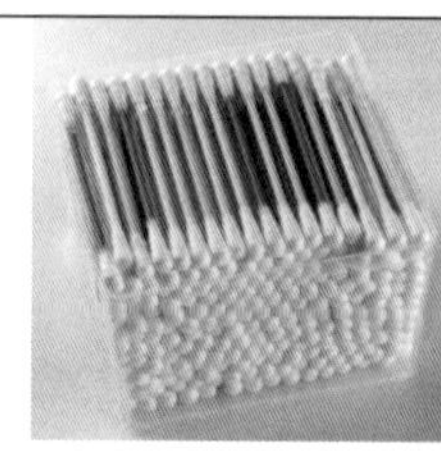
geschätzt: ____________
gemessen: ____________</td></tr>
</table>

★ | 👤

4. a) Schätze, wie oft du den Behälter füllen musst, um 1 Liter zu bekommen.

<table>
<tr><td>
geschätzt:
____________</td><td>
geschätzt:
____________</td><td>
geschätzt:
____________</td></tr>
</table>

★★ | 👤

b) Wie kannst du deine Schätzung beweisen?

____

____

Name: Datum:

5.9 Rauminhalt durch Einheitswürfel bestimmen

Den **Rauminhalt** eines **Quaders** kannst du bestimmen, indem du ihn mit Einheitswürfeln auslegst und deren Anzahl angibst.

★ |

1. a) Zeichne sechs Quadrate mit der Seitenlänge 1 cm auf grünen Tonkarton auf. Schneide sie aus und klebe sie mit Klebestreifen zu einem Würfel zusammen. Nun hast du einen Zentimeter-Einheitswürfel mit der Kantenlänge 1 cm und dem Rauminhalt von 1 cm^3 (1 Kubikzentimeter).

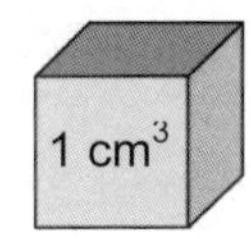

★ |

b) Genauso verfährst du mit sechs Quadraten mit der Seitenlänge 1 dm = 10 cm. Nun hast du einen Dezimeter-Einheitswürfel mit der Kantenlänge 1 dm und dem Rauminhalt von 1 dm^3 (1 Kubikdezimeter).

★ |

c) Fülle deinen Dezimeterwürfel mit Sand. Miss mit einem Messbecher nach, wie viel Sand hineinpasst. Ergänze.

In den Dezimeterwürfel passt 1 Kubikdezimeter Sand. Das entspricht

_______________ Liter Sand. 1 dm^3 = ________ l

Rauminhalt

Der Rauminhalt **(Fassungsvermögen, Volumen V)** eines Körpers ist, wie viel in den Körper hineinpasst. Er wird in *Volumeneinheiten* angegeben.

Einheiten: Kubikmillimeter (mm^3), Kubikzentimeter (cm^3), Kubikdezimeter (dm^3), Kubikmeter (m^3), aber auch Liter (l) und Milliliter (ml)

Tipp: Rauminhalte können mit Einheitswürfeln bestimmt oder durch Umfüllen verglichen werden.

★★ |

2. Kannst du Beispiele nennen, was in 1 dm^3 bzw. 1 m^3 hineinpasst?

____

____

____

Name: Datum:

3. a) Aus wie vielen Einheitswürfeln besteht das Gebäude? Schätze zuerst. Ermittle dann die genaue Anzahl.

A

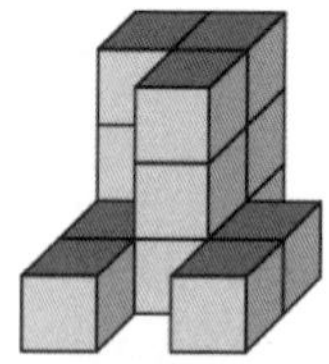
B

C

geschätzt	A:	B:	C:
gezählt	A:	B:	C:

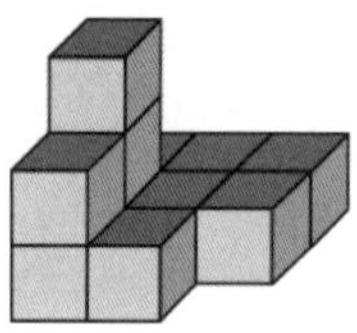
D

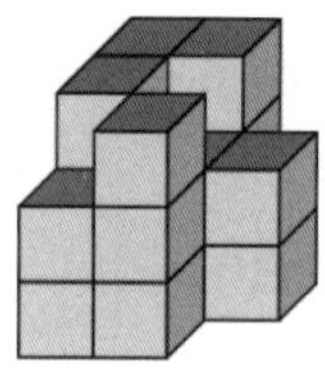
E

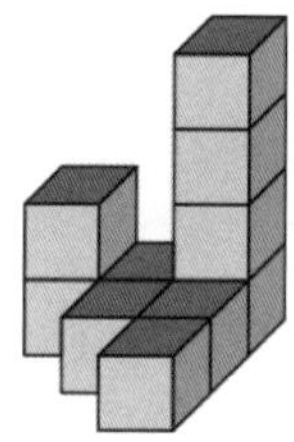
F

geschätzt	D:	E:	F:
gezählt	D:	E:	F:

b) Sortiere die Gebäude nach der Größe ihres Rauminhaltes (Anzahl der Würfel). Beginne mit dem kleinsten Gebäude.

4. Ergänze die Tabelle.

	A	B	C
Wie viele Würfel sind in der Schachtel?			
Wie viele Würfel passen noch hinein?			
Wie viele Würfel passen in die gefüllte Schachtel? Schreibe eine Rechnung hierzu auf.			

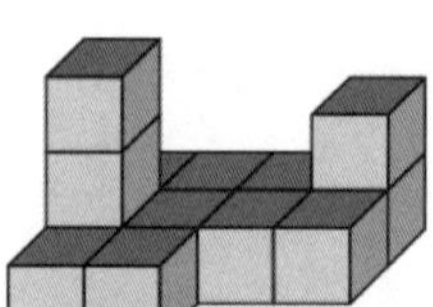
A

B

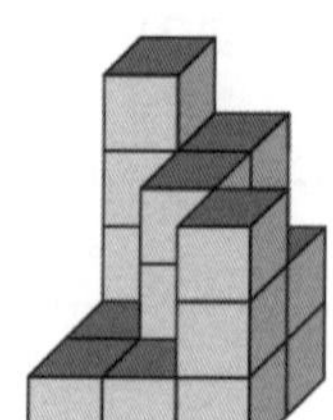
C

5.1 Umfang

1. R: 1 m + 1 m + 1 m + 1 m = 4 m
A: Luisa braucht 4 m Zaun.

3. Beispiele: Bauchumfang, Erdumfang, Grenze eines Baugrundstückes

5.2 Umfänge auf dem Geobrett

1. b) A = 10 EL, B = 16 EL, C = 18 EL, D = 18 EL

c) Figur C, D sind gleich groß, danach Figur B und zuletzt Figur A

2. Beispiellösungen:

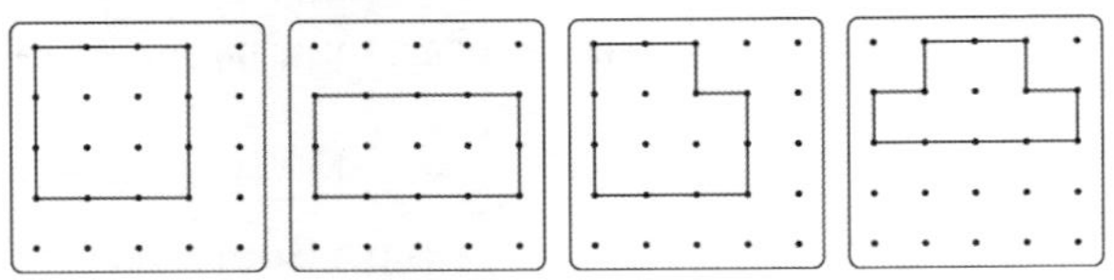

5.3 Flächeninhalte durch Auslegen bestimmen

1. c) 100 EQ

d) Reißzwecke: ja, Büroklammer: nein; Spitzer: nein, Ring: nein

3. a) A = 9 EQ, B = 17 EQ, C = 18 EQ, D = 23 EQ

b) D, C, B, A

5.4 Flächeninhalte mit dem Geobrett bestimmen

1. Beispiellösungen:

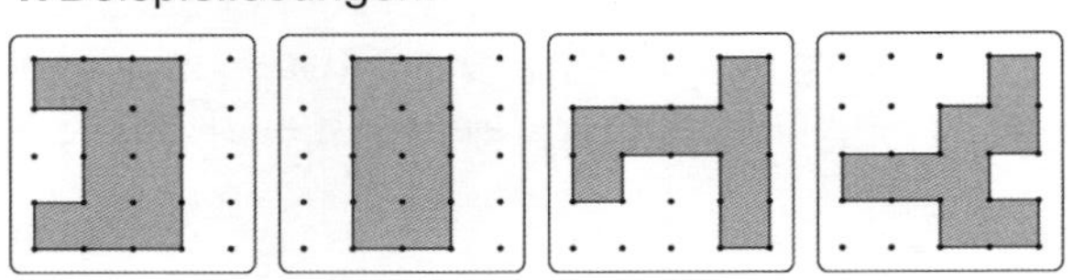

2. b) 10 EQ, 11 EQ, 7 EQ, 10 EQ

4. Bild 1: 9 ½ EQ; Bild 2: 8 ½ EQ

5. Ja, wenn er immer ein gleich großes Einheitsdreieck nimmt.

5.5 Rund um den Flächeninhalt

1. Beispiele: Wandfläche für Tapete oder Farbe, Bodenfläche für Teppich oder Fliesen, Spannbetttuch für Matratzenfläche, Blumenbeetfläche, Fensterfläche …

2. Mathebuch: Quadratzentimeter (cm^2), Floh: Quadratmillimeter (mm^2), Pausenhof: Quadratmeter (m^2), Berlin/Deutschland: Quadratkilometer (km^2), Fingernagel: Quadratmillimeter (mm^2)/Quadratzentimeter (cm^2), Radiergummi: Quadratzentimeter (cm^2), Schreibtisch: Quadratmeter (m^2)/ Quadratzentimeter (cm^2)

3. Lösungswort: Richtig

5.6 Umfang und Fläche – Im Zoo

4.

Gehege	Flächeninhalt (Einheitsquadrate EQ)	Umfang (Einheitslängen EL)
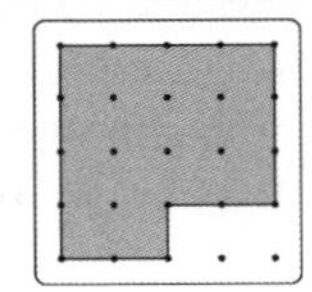	Gezählt: 14 EQ Beispielrechnung: 4 · 3 + 2	Gezählt: 16 EL Beispielrechnung: 4 + 4 + 2 + 1 + 2 + 3
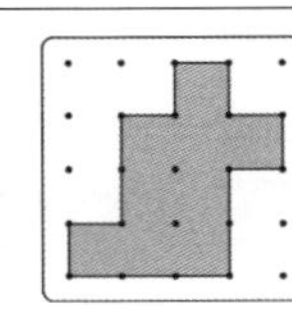	Gezählt: 9 EQ Beispielrechnung: 2 · 3 + 3	Gezählt: 16 EL Beispielrechnung: 3 + 2 + 1 + 1 + 1 + 1 + 1 + 1 + 1 + 2 + 1 + 1
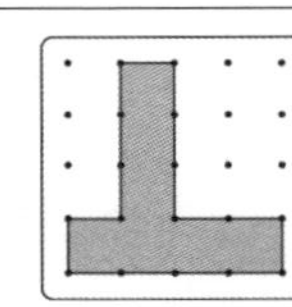	Gezählt: 7 EQ Beispielrechnung: 1 · 3 + 1 · 4	Gezählt: 16 EL Beispielrechnung: 4 + 1 + 2 + 3 + 1 + 3 + 1 + 1
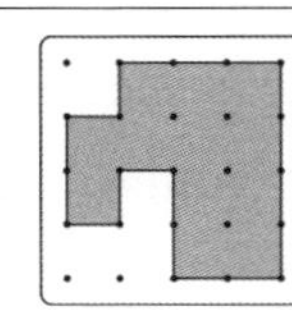	Gezählt: 12 EQ Beispielrechnung: 2 · 4 + 2 + 2	Gezählt: 18 EL Beispielrechnung: 4 + 3 + 1 + 1 + 2 + 1 + 1 + 1 + 2 + 2

2. a)

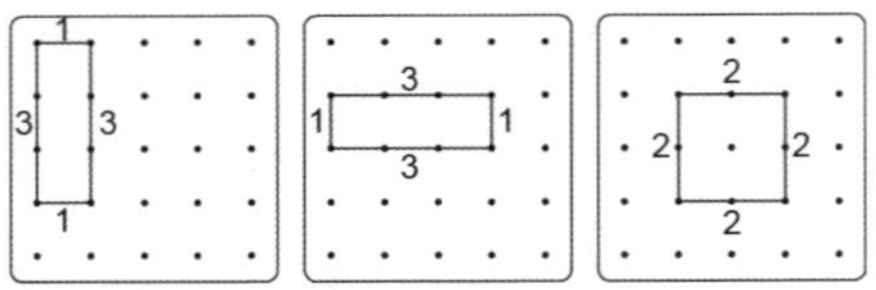

b) Nebeneinanderliegende Seiten ergeben addiert die Hälfte des Umfangs.

3. Das Quadrat hat den größten Flächeninhalt bei vorgegebenem gleichen Umfang.

4. Nein, siehe Beispiele. Der Flächeninhalt ist jeweils 4 EQ, der Umfang ist jedoch unterschiedlich (10 EL und 8 EL).

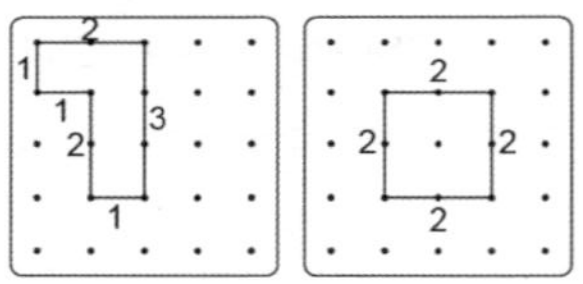

5. Ja, das stimmt.

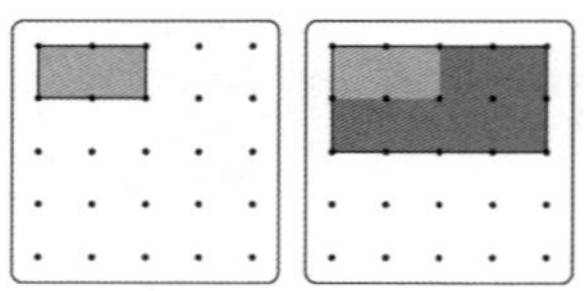

5.7 Umfang oder Fläche?

1. Bitte Farbgebung kontrollieren.

2. Es ist die britische Flagge.

5.8 Rauminhalt durch Umfüllen bestimmen

1. a) Sie könnte 100 ml im Messbecher abmessen und in den Napf umschütten.

b) Sie kann den Inhalt von dem gefüllten eigenen Napf in den Napf der Tante umschütten.

2. Maßkrug 1 l / Joghurtglas 500 ml, Honigglas 250 ml / Wasserflasche 1 l, Eimer 10 l / Blumengießer 1 l, Babyflasche 240 ml / Fischdose 125 ml

3. Milchtüte: 1 Liter, Joghurtbecher: 150 ml, Dose: 270 ml, Schachtel Ohrenputzer: ca. 500 ml

4. a) Trinkglas: 200 ml, 5-mal; Tasse: 125 ml, 8-mal; Brotdose: 500 ml, 2-mal

b) Ich könnte durch Umschütten meine Schätzung beweisen.

5.9 Rauminhalt durch Einheitswürfel bestimmen

2. Beispiele: 1 dm^3 Inhalt einer Milchtüte, 1 m^3 großer Kühlschrank

3. a) A: 17 EW, B: 13 EW, C: 16 EW
D: 11 EW, E: 18 EW, F: 10 EW

b) F, D, B, C, A, E

4.

	A	B	C
Wie viele Würfel sind in der Schachtel?	13	16	18
Wie viele Würfel passen noch hinein?	23	11	18
Wie viele Würfel passen in die gefüllte Schachtel? Schreibe eine Rechnung hierzu auf.	$36 = 4 \cdot 3 \cdot 3$	$27 = 3 \cdot 3 \cdot 3$	$36 = 3 \cdot 3 \cdot 4$